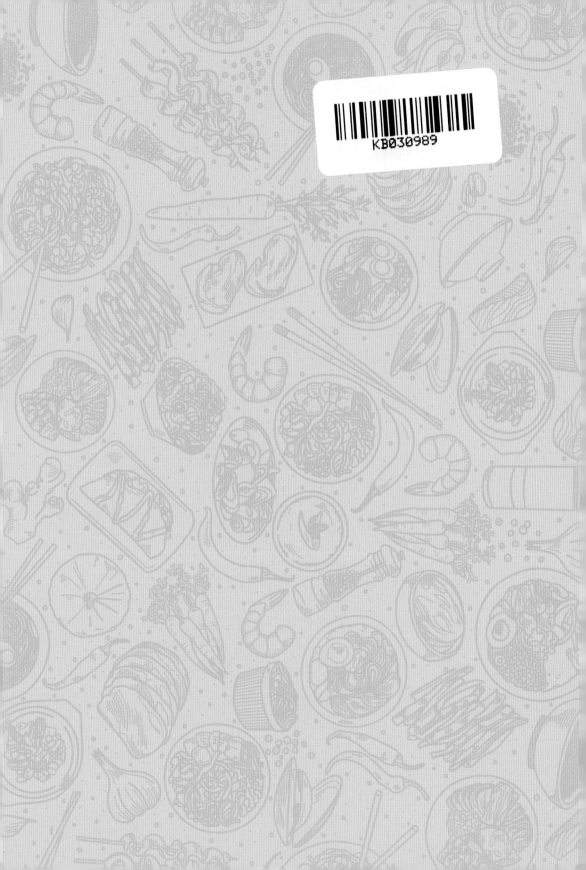

알토란
사계절 건강 밥상편

따라 하고 싶은 한 끼!

알토란

사계절 건강 밥상편

MBN 〈알토란〉 제작팀 지음

DAON BOOKS
COMPANY

PART 01
봄 밥상

밥상 위에
자연의 생명력을 채운다!

PART 02
여름 밥상

무더위에 지친
심신을 달랜다!

여름 Special Part
복날 밥상

초복에서 말복까지 복날 보양식으로
기운을 보충한다!

차 례

Part 03
가을 밥상

천고마비의 계절,
몸의 에너지를 비축한다!

가을 Special Part
추석 밥상

만물이 결실을 맺는 계절,
몸도 마음도 풍성해진다!

PART 01

봄春 밥상

사계(四季)를 먹다.

그 첫 번째, 봄.

자연의 영양을 가득 담아 더 풍성해지는 밥상, 향긋한 봄의 진미!

내 몸에 약(藥)이 되는 봄 제철 자연 보약 쑥, 봄동, 햇마늘, 햇양파,

꽃게 등으로 밥상 위에 봄을 채운다!

제철 음식을 먹는다는 것은 자연의 생명력을 먹는 것!

영양과 맛을 제대로 살리는 〈알토란〉만의 특급 비법으로

몸에 생기를 충전한다.

봄이면 꼭 먹어야 하는 제철 음식과 제철 요리의 결정판,

〈알토란〉 표 봄 밥상 레시피로 매일 밥상 고민은 물론

나와 우리 가족 면역력 걱정도 한 번에 해결해보자!

감자쑥국

봄이면 어김없이 삭막했던 들판 위로
파릇파릇 솟아나는 봄의 전령사, 쑥
향긋한 쑥 내음을 가득 품은 쑥국이야말로 봄의 보약 중 보약!
쑥의 쓴맛은 잡고 더 부드럽게 즐기는 감자쑥국의 비법은?

재료 쑥 200g, 감자 2개(400g), 채 썬 돼지등심 300g, 들기름 2큰술, 물 7컵, 볶은 멸치 1줌(25g), 된장 5큰술, 생콩가루 5큰술, 다진 마늘 1큰술, 후춧가루 3꼬집, 대파 흰 대 1개

만드는 법

❶

센 불에 채 썬 돼지등심 300g,
들기름 2큰술을 넣고 볶는다.

❷

돼지고기 핏기가 사라지면
물 7컵을 넣고, 볶은 멸치 1줌(25g)을
넣은 육수 팩을 냄비에 넣고
10분간 끓인다.

❸

중 불로 줄이고 육수 팩을 꺼내고
된장 5큰술을 체에 걸러 푼다.

쑥 200g 기준 된장 5큰술이 적당! TIP

셰프의 설명
- 돼지고기를 볶아야 육수가 깔끔하고 고소한 맛과 감칠맛이 좋다.
- 국물 멸치 1줌(25g)을 내장·대가리 제거 후 마른 팬에 볶는다.

만드는 법

❹

편 썬 감자 2개(400g)를 넣고
5분간 끓인다.

❺

씻어서 물기가 있는 상태의
쑥 200g을 위생 팩에 넣고
생콩가루 5큰술을 넣어준 다음
골고루 섞어 생콩가루를 묻힌다.

TIP 쑥은 물에 5분간 담가두었다가 깨끗이
     헹궈서 준비!

❻

생콩가루를 입힌 쑥을 넣은 후
다진 마늘 1큰술, 후춧가루 3꼬집,
어슷썰기한 대파 흰 대 1개를 넣고
2~3분간 끓여 마무리한다.

TIP 싱거울 때는 국간장 1큰술 넣어 간 맞추기!

셰프의
설명
• 감자 속 전분이 걸쭉하게 국물의 농도를 잡아준다.
• 쑥에 생콩가루를 입히면 콩의 고소한 맛으로 쑥의 쓴맛을 잡고 쑥의 식감이 부드러워진다.
• 오래 끓일 경우 쑥 향은 줄어들고 된장 맛은 더 강해진다.

완성

쑥의 향긋함과
된장의 구수함은 살리고
쑥 특유의 쌉싸래한 맛을 잡아
더욱 완벽해진 봄의 진미!
〈알토란〉표 감자쑥국

간단 요약! 한 장 레시피

1. 센 불에 채 썬 돼지등심 300g, 들기름 2큰술을 넣고 볶는다.

2. 돼지고기 핏기가 사라지면 물 7컵을 넣고, 볶은 멸치 1줌(25g)을 넣은 육수 팩을 냄비에
   넣고 10분간 끓인다.

3. 중 불로 줄이고 육수 팩을 꺼내고 된장 5큰술을 체에 걸러 푼 후 편 썬 감자 2개(400g)를
   넣고 5분간 끓인다.

4. 씻어서 물기가 있는 상태의 쑥 200g을 위생 팩에 넣고 생콩가루 5큰술을 넣어준 다음
   골고루 섞어 생콩가루를 묻힌다.

5. 생콩가루를 입힌 쑥을 넣은 후 다진 마늘 1큰술, 후춧가루 3꼬집, 어슷썰기한 대파 흰 대
   1개를 넣고 2~3분간 끓여 마무리한다.

쑥버무리

향긋한 쑥 향에 쫀득쫀득한 맛이 일품!
이 봄 절대 놓쳐서는 안 될 최고의 별미, 쑥버무리!
간단하지만 맛과 영양만큼은 으뜸인 쑥버무리에 도전해 보자.

재료 쑥 300g, 멥쌀가루 10컵, 생밤 20개, 대추 20개, 삶은 호랑이 콩 2컵,
설탕 100g, 소금 2작은술, 물 100mL
(*4인 기준)

맛의 한 수

① 씻은 쑥의 물기를 제거하지 말아라!

· 손질한 쑥은 물에 5분간 담가두었다가 깨끗이 헹군 후 체에 밭친다.
· 쑥을 만졌을 때 촉촉한 느낌이 들 정도로 물기가 있는 것이 좋다.
· 쑥에 물기가 있어야 멥쌀가루가 잘 붙어 분리되지 않는다.

② 찜기는 찜통의 물이 끓은 후 올려라!

· 쑥버무리가 질어지는 것을 방지한다.

③ 찜기 가운데 공간을 만들어라!

· 김이 순환하도록 찜기 가운데 공간을 만들어야 고루 잘 쪄진다.

④ 마른 면포로 뚜껑을 감싸라!

· 뚜껑에 맺힌 수증기가 떨어져 쑥버무리가 질어질 수 있다.

만드는 법

①

넓은 볼에 멥쌀가루 10컵을 넣고,
물 100mL에 소금 2작은술을 넣어
섞은 소금물을 조금씩 부어준 다음
멥쌀가루를 비비며 섞어준다.

②

설탕 100g, 한입 크기로 썬 생밤 20
개, 씨 제거한 대추 20개를 채 썰어
넣고, 40분간 삶은 호랑이 콩 2컵을
넣어 부재료들과 멥쌀가루를
함께 버무린 다음 쑥 300g을 넣고
버무린다.

③

찜기에 젖은 면포를 깔아준 다음
멥쌀가루를 적당히 깔고 버무린
쑥을 올린다.

**셰프의
설명**
- 멥쌀가루를 손으로 비벼주면 멥쌀가루와 소금물이 잘 섞인다.
- 대추가 없을 때는 말린 과일 활용한다.

만드는 법

④

찔 때 김이 순환하도록 가운데
공간을 만들고 불에 닿지
않도록 젖은 면포는 찜기 안으로
넣어준다.

⑤

수증기가 떨어지지 않도록 뚜껑을
마른 면포로 감싸고 덮은 다음
센 불에서 약 20분 정도 찐다.

⑥

〈알토란〉처럼 영양과 맛이 꽉 찬
싱그러운 봄을 담은 영양 간식!
온 가족이 향긋하고 맛있게 즐길
수 있는 봄철 별미 쑥버무리 완성!

**셰프의
설명**
- 뜨거운 김이 위아래로 순환해야 고루 익은 쑥버무리를 즐길 수 있다.
- 20분이 지나면 불을 끄고 질어지지 않게 그릇에 바로 옮겨 담는다.
- 젓가락을 찔렀을 때 멥쌀가루가 안 묻으면 잘 익은 것!

완성

간단 요약! 한 장 레시피

1. 넓은 볼에 멥쌀가루 10컵을 넣고, 물 100mL에 소금 2작은술을 넣어 섞은 소금물을 조금씩 부어준 다음 멥쌀가루를 비비며 섞어준다.
2. 설탕 100g, 한입 크기로 썬 생밤 20개, 씨 제거한 대추 20개를 채 썰어 넣고, 40분간 삶은 호랑이 콩 2컵을 넣어 부재료들과 멥쌀가루를 함께 버무린 다음 쑥 300g을 넣고 버무린다.
3. 찜기에 젖은 면포를 깔아준 다음 멥쌀가루를 적당히 깔고 버무린 쑥을 올린다.
4. 찔 때 김이 순환하도록 가운데 공간을 만들고 불에 닿지 않도록 젖은 면포는 찜기 안으로 넣어준다.
5. 수증기가 떨어지지 않도록 뚜껑을 마른 면포로 감싸고 덮은 다음 센 불에서 약 20분 정도 찐다.

봄동겉절이

추운 겨울 꽁꽁 언 땅을 뚫고 자라나는 봄동.
강인한 생명력의 봄동으로 차리는 생기 가득한 밥상!
같은 재료 다른 맛!
고소하고 매콤한 반반 봄동겉절이 비법을 배워보자!

재료

매콤이 봄동겉절이 재료: 봄동 1통, 무 100g, 오이 반 개, 꽃소금 반 큰술, 참기름 1큰술, 통깨 1큰술,
중간 고춧가루 4큰술, 멸치액젓 3큰술, 다진 마늘 1큰술, 매실액 3큰술, 설탕 1큰술
고소미 봄동겉절이 재료: 봄동 1통, 무 100g, 쌈장 1컵, 황설탕 10큰술, 진간장 3큰술, 식초 5큰술,
물 반 컵, 다진 마늘 2큰술, 현미유 10큰술, 간 땅콩 5큰술, 통깨 1큰술

봄동 손질법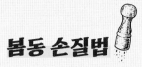

① 봄동 밑동을 칼로 도려내 잎을 가닥가닥 떼어낸다.

② 잎을 물에 5분 담가 둔 후 흐르는 물에 깨끗이 헹군다.

③ 큰 잎은 먹기 좋은 크기로 칼로 슥슥 자르고, 작은 속잎은 그대로
사용한다.

④ 겉절이 할 때 봄동은 절이지 않아야 고소한 맛이 산다.

매콤이 봄동겉절이 만드는 방법

❶
봄동 1통을 먹기 좋게 자르고
무 100g을 얇게 채 썬다.

❷
볼에 중간 고춧가루 4큰술,
멸치액젓 3큰술, 다진 마늘 1큰술,
매실액 3큰술을 넣는다.

❸
설탕 1큰술, 오이 반 개를 갈아 넣고
잘 섞어 양념장을 만든다.

**셰프의
설명**
• 겉절이 할 때 봄동은 절이지 않아야 고소한 맛이 산다.
• 무의 옆면을 잘라 평평하게 만들면 칼질하기 쉽다.
• 식초 대신 오이를 넣으면 봄동 본연의 맛을 살릴 수 있다.

매콤이 봄동겉절이 만드는 방법

❹
손질한 봄동 1통, 무 100g에 매콤이
양념장을 넣고, 꽃소금 반 큰술을
넣고 살살 무쳐준다.

❺
참기름 1큰술,
통깨 1큰술 넣어 완성한다.

봄 내음 물씬!
어떤 음식과도 잘 어울리는
최고의 별미
〈알토란〉표 매콤이 겉절이 완성!

고소미 봄동겉절이 만드는 방법

①
봄동 1통을 먹기 좋게 자르고
무 100g을 얇게 채 썬다.

②
볼에 쌈장 1컵, 황설탕 10큰술,
진간장 3큰술, 식초 5큰술,
물 반 컵을 넣는다.

③
다진 마늘 2큰술, 현미유 10큰술,
간 땅콩 5큰술, 통깨 1큰술을
넣고 섞어 양념장을 만든다.

현미유 대신 다른 식용유 사용 가능! TIP

셰프의 설명
• 자극적인 흰 설탕보다 황설탕을 넣어야 은은한 단맛이 난다.
• 식초를 넣으면 된장의 떫은맛을 잡아준다.
• 현미유를 넣으면 맛이 더 부드럽다.

만드는 법

❹

손질한 봄동 1통, 무 100g에
고소미 양념장 2 국자를 넣고
살살 무쳐 완성한다.

TIP 입맛에 따라 양념장 가감

집에 있는 재료로 뚝딱!
고소한 맛으로 입맛 돋우는
고소미 봄동겉절이 완성!

간단 요약! 한 장 레시피

-매콤이 봄동겉절이-

1. 봄동 1통을 먹기 좋게 자르고 무 100g을 얇게 채 썬다.

2. 볼에 중간 고춧가루 4큰술, 멸치액젓 3큰술, 다진 마늘 1큰술, 매실액 3큰술, 설탕 1큰술,
   오이 반 개를 갈아 넣고 잘 섞어 양념장을 만든다.

3. 손질한 봄동 1통, 무 100g에 매콤이 양념장을 넣고, 꽃소금 반 큰술을 넣고 살살 무쳐준다.

4. 참기름 1큰술, 통깨 1큰술 넣어 완성한다.

-고소미 봄동겉절이-

1. 봄동 1통을 먹기 좋게 자르고 무 100g을 얇게 채 썬다.

2. 볼에 쌈장 1컵, 황설탕 10큰술, 진간장 3큰술, 식초 5큰술, 물 반 컵, 다진 마늘 2큰술,
   현미유 10큰술, 간 땅콩 5큰술, 통깨 1큰술을 넣고 섞어 양념장을 만든다.

3. 손질한 봄동 1통, 무 100g에 고소미 양념장 2 국자를 넣고 살살 무쳐 완성한다.

햇마늘장아찌

이거 하나면 일 년이 든든하다!
햇마늘이 나오는 6월에 담가
두고두고 챙겨 먹는 보약 반찬, 햇마늘장아찌.
절대 실패 없는 햇마늘장아찌의 황금 레시피가 공개된다!

재료 햇마늘 반 접(50개), 식초 10컵(2L), 물 10컵(2L), 설탕 7컵, 소금 3컵, 다시마 10장(2×3cm), 고추씨 50g

햇마늘의 모든 것

① 햇마늘이란?

· 그해에 수확한 마늘로 보통 장아찌용 마늘
　과 저장용 마늘로 구분한다.

· 장아찌용 햇마늘 : 수확 직후 건조하지 않고
　바로 유통되는 것

· 저장용 햇마늘 : 저장성을 높이기 위해 수확
　후 건조해 유통되는 것

② 장아찌용 햇마늘 특징과 활용법

· 대가 싱싱하고 붉은빛의 마르지 않은 껍질

· 비교적 속살이 하얗고 수분이 많다.

· 매운맛이 적어 생으로 먹거나 장아찌로 담가 먹는다.

③ 저장용(한지형) 햇마늘 특징과 활용법

· 장아찌용 햇마늘이 나온 이후인 6월 하순
　부터 출하되기 시작한다.

· 저장성을 높이기 위해 대를 잘라 건조해 유
　통한다.

· 보통 추운 중부지방에서 생산되기 때문에
　한지형 마늘이라고도 불린다.

· 단단하며 수분이 적고, 마늘쪽이 길쭉하며
　끝부분이 뾰족하다.

· 매운맛이 강하며 저장성이 좋아 김장김치 담글 때 주로 사용한다.

· 마늘 장기 보관 시 저장용 햇마늘 구입 추천!

마늘 고르는 법과 보관법의 모든 것

① 좋은 마늘 고르는 법?

· 모양이 둥글고 골이 선명한 것

· 알이 굵고 개수가 적당한 것

· 단단하고 묵직하며 상처가 없는 것

② 마늘 장기 보관법

· 통마늘을 쪼갠 후 수분이 많은 심지를 제거
해야 오래 보관할 수 있다.

· 밀폐 용기 바닥에 신문지를 깔고 낱개로 분
리한 마늘을 껍질째 넣고 신문지를 덮어 신
문지-마늘-신문지 순으로 켜켜이 쌓아 꼭
뚜껑을 닫고 김치냉장고에 보관한다.

· 녹변 현상 방지를 위해 김치냉장고의 온도
는 0~2℃를 유지한다.

· 신문지가 수분 흡수 및 습기 조절을 해주는
역할을 해주고, 신문지가 눅눅해지면 교체
해준다.

③ 깐 마늘 신선 보관법

· 밀폐 용기 바닥에 밀가루 적당량을 깔고 키친타월을 올린다.

· 꼭지를 제거하지 않은 마늘을 깨끗이 씻은 후 물기를 제거하고 밀폐 용기에 넣

는다.

· 깐 마늘 꼭지를 자르지 않아야 진액·수분으
로 인한 부패를 막는다.

· 밀가루-키친타월-마늘-키친타월 순으로
켜켜이 쌓아 뚜껑을 닫고 냉장 보관하면
1~2달 신선 보관이 가능하다.

· 키친타월이 눅눅해지면 교체해준다.

TIP 수분 많은 채소는 밀가루·소금·설탕 등과 함께 보관
시 습기를 조절해 오래 보관 가능!

④ 마늘을 까거나 다진 후 잠시 두어라!

· 건강에 좋은 마늘의 대표 성분인 알리신은 마늘 껍질 바로 밑에 있는 알리네이
즈 효소가 활성화되어야 만들어지기 때문에 마늘을 까거나 다진 후에 몇 분간
두었다가 먹거나 조리해야 알리신을 제대로 섭취할 수 있다.

· 다진 마늘은 냉장 보관보다는 냉동 보관하는 것이 좋다.

만드는 법

❶

햇마늘 반 접(50개)은 뿌리와 대를
자르고 껍질을 1~2겹 정도 남겨
깨끗이 씻은 후 물기를 제거한 다음
열탕 소독한 병에 담는다.

❷

식초와 물 각 10컵(2L)을 넣고
뚜껑을 닫아 햇볕이 들지 않는 곳에
일주일간 둔다.

❸

냄비에 식초물을 따라내고
설탕 7컵과 소금 3컵을 넣는다.

**셰프의
설명**
- 통마늘로 장아찌를 담그면 껍질의 좋은 성분까지 섭취 가능하다.
- 먼저 일주일간 식초물에 담가두면 햇마늘의 아린 맛을 뺄 수 있다.
- 햇마늘장아찌를 보관할 때 햇볕을 차단해야 녹변 현상이 생기지 않는다.

만드는 법

❹
다시마 10장(2×3cm),
고추씨 50g을 넣고 센 불에 10분,
중불에 20분간 끓인다.

총 30분 끓이기! TIP

❺
끓인 절임물을 체에 걸러
완전히 식혀서 붓는다.

❻
일주일 뒤 절임물만 따라낸 후
끓여서 완전히 식힌 뒤
다시 붓는다.

셰프의 설명
- 절임물을 완전히 식혀서 부어야 색감·식감 모두 살릴 수 있다.
- 햇마늘에서 빠져나온 절임물 속 수분을 날려야 보관 기간이 증가한다.

완성

주부들이 꼭 담그는 필수 장아찌!
열 반찬 안 부러운 매일 보약 반찬,
새콤달콤한 햇마늘장아찌 완성!

간단 요약! 한 장 레시피

1. 햇마늘 반 접(50개)은 뿌리와 대를 자르고 껍질을 1~2겹 정도 남긴다.

2. 깨끗이 씻은 후 물기 제거한 햇마늘을 열탕 소독한 병에 담는다.

3. 식초와 물 각 10컵(2L)을 넣고 뚜껑을 닫아 햇볕이 들지 않는 곳에 일주일간 둔다.

4. 냄비에 식초물을 따라내고 설탕 7컵, 소금 3컵을 넣는다.

5. 다시마 10장(2×3cm), 고추씨 50g을 넣고 센 불에 10분, 중 불에 20분간 끓인다.

   (*총 30분)

6. 끓인 절임물을 체에 걸러낸 후 완전히 식혀서 붓는다.

7. 일주일 뒤 절임물만 따라낸 후 끓여서 완전히 식힌 뒤 다시 붓는다.

햇양파장아찌

우리 가족 혈관 건강이 걱정된다면 필수!
혈관 청소부로 불리는 양파로 만드는 혈관 보약 반찬, 양파장아찌.
아삭아삭 달큼한 햇양파로 담가 더 맛있는
햇양파장아찌를 배워보자!

재료

양파 1kg, 청양고추 5개, 편 썬 생강 4쪽, 레몬 반 개, 셀러리 2대, 간장 1컵 반, 설탕 1컵, 매실청 반 컵,
다시마 6장(2×3cm), 물 1컵 반, 식초 1컵 반

햇양파 특징과 활용법

① 장아찌용 햇양파 특징과 활용법

· 겉껍질이 얇아 속살이 비쳐 흰색을 띤다.

· 수확 후 바로 유통돼 수분이 많다.

· 수분이 많아 훨씬 아삭하며 달큼한 맛이 난다.

· 달큼한 맛이 나기 때문에 생으로 섭취한다.

· 김치·장아찌 추천!

② 저장용 햇양파 특징과 활용법

· 겉껍질이 여러 겹이며 수분감이 없고 붉은색을 띤다.

· 저장성을 높이기 위해 건조해 유통한다.

· 건조 후 출하되어 보관이 용이하다.

· 매운맛과 향이 강해 가열해 섭취한다.

· 볶음·찌개·조림 추천!

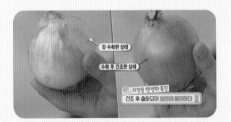

양파 고르는 법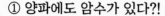

① 양파에도 암수가 있다?!
- ·매운맛이 강한 수양파는 세로로 길쭉하다.
- ·연하고 달큼한 맛의 암양파는 가로로 넓적하다.

② 원형에 가까운 것이 좋다!
- ·양파는 원형에 가까울수록 맛이 좋고, 보관 기간이 길다.
- ·원형으로 심지가 없으며 단단한 암양파를 고른다.

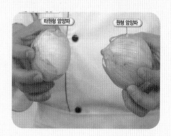

③ 양파 크기에도 맛의 차이가 있다!
- ·큰 크기의 양파는 수분이 많아 시원한 맛은 좋지만 아삭한 식감은 다소 부족하고 무르기에 십상이다.
- ·작은 크기의 양파는 적당한 수분감이 있어 아삭하며 부드러운 맛이 있다.
- ·장기 보관 시 비교적 수분이 적은 중·소 사이즈를 고른다.

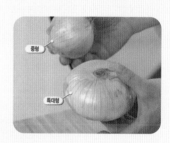

양파 보관법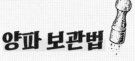

① 스타킹에 넣어서 매달아라!
· 수분량이 90% 이상인 양파를 서로 맞닿아
  보관하면 상하기 십상이다.
· 양파를 껍질째 스타킹에 넣고 밀폐 집게로
  양파 위쪽을 집는다.
· 스타킹에 넣은 양파는 서늘한 곳에 매달아 보관한다.

② 달걀판에 올려서 보관해라!
· 구멍을 뚫어놓은 상자에 달걀판을 넣고 신문
  지로 싼 양파를 맞닿지 않게 놓는다.
· 양파의 무게로 쉽게 무르지 않도록 달걀판은
  최대 2층까지 쌓아 통풍이 잘되는 곳에 보관
  한다.
· 신문지는 양파의 수분 및 공기 중 습기를 흡수하는 역할을 한다.
· 신문지가 눅눅해지면 교체해준다.

③ 깐 양파의 뿌리와 윗동을 자르지 말아라!
· 뿌리와 윗동을 제거한 면에서 수분이 나와
  무르기 십상이다.
· 모든 식물은 뿌리를 제거하면 급속도로
  상하기 시작한다.
· 깐 양파를 랩으로 싼 후 지퍼 팩에 밀봉해
  냉장 보관한다.
· 냉장실에서 2~3주간 보관할 수 있다.
· 양파를 랩으로 싸면 습기·수분이 차단돼 쉽게 무르지 않는다.
· 양파 싹은 독성이 없으므로 쪽파처럼 섭취해도 좋다. 다만, 양파 싹으로
  영양분이 이동하므로 양파 알맹이는 푸석해진다.

만드는 법

❶

양파 1kg은 뿌리와 윗동을 제거한 후
깨끗이 씻어 물기를 제거해
한입 크기로 썬다.

작은 사이즈의 햇양파 추천! TIP

❷

열탕 소독한 병에 손질한 양파 1kg,
어슷썰기한 청양고추 5개, 편으로
썬 생강 4쪽 일부를 넣는다.

❸

4등분 한 레몬 반 개 일부와
어슷썰기한 셀러리 2대의 일부를
넣어 재료를 켜켜이 쌓는다.

만드는 법

④

냄비에 간장 1컵 반, 설탕 1컵,
매실청 반 컵, 다시마 6장(2×3cm),
물 1컵 반을 넣고 센 불에
한소끔 끓인 뒤 식혀준다.

⑤

식힌 장아찌물에
식초 1컵 반을 넣고 섞은 후
재료를 넣은 병에 붓는다.

TIP 장아찌물은 양파에서 나오는 수분까지
고려해 80%만 채우기!

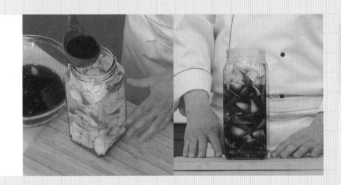

⑥

뚜껑을 닫은 뒤 하루 보관 후
다음 날 뒤집어 주고, 4일 후에
장아찌물만 걸러내 한소끔 끓인 후
식혀서 붓는다.

셰프의 설명
• 장아찌물을 식힌 후 부으면 재료의 식감·색감이 살아난다.
• 식초는 끓이지 않아야 새콤한 맛을 살릴 수 있다.

완성

아삭하고 달큼한 보약 반찬.
〈알토란〉표 햇양파장아찌 하나면
열 반찬 부럽지 않다!

간단 요약! 한 장 레시피

1. 양파 1kg은 뿌리와 윗동을 제거한 후 깨끗이 씻어 물기를 제거해 한입 크기로 썬다.

2. 열탕 소독한 병에 손질한 양파 1kg, 어슷썰기한 청양고추 5개, 편 썬 생강 4쪽, 4 등분 한
   레몬 반 개, 어슷썰기한 셀러리 2대를 넣어 켜켜이 쌓는다.

3. 간장 1컵, 설탕 1컵, 매실청 반 컵, 다시마 6장(2x3cm), 물 1컵 반을 넣는다.

4. 장아찌물을 센 불에 한소끔 끓인 뒤 식혀 준다.

5. 식힌 장아찌물에 식초 1컵 반을 넣고 섞은 후 재료를 넣은 병에 붓는다.

6. 뚜껑을 닫은 뒤 하루 보관 후 다음 날 뒤집어 준다.

7. 4일 후에 장아찌물만 걸러내 한소끔 끓인 후 식혀서 붓는다.

양파미역무침

아삭아삭한 양파와 꼬들꼬들한 미역이 만나
입맛 없고 나른한 내 몸을 깨운다.
새콤한 봄 반찬 양파미역무침으로 입맛을 살려보자!

재료

양파 2개(400g), 건미역 20g, 당근 40g, 달래 50g, 물 4컵, 2배 식초 3큰술, 설탕 2큰술
양념 재료: 고춧가루 2큰술, 멸치액젓 2큰술, 2배 식초 4큰술, 설탕 1큰술, 깨소금 3큰술

좋은 양파 고르는 법

(저장용 양파 기준)

① 껍질이 잘 붙어있는 것
② 껍질이 적황색이며 광택이 나는 것
③ 무르지 않고 흠집이 없는 것
④ 눌러봤을 때 단단한 것
⑤ 들었을 때 묵직한 것

맛의 한 수

① 2배 식초와 설탕을 넣어라!

· 양파의 매운맛 제거는 물론 무친 후 물이 생기지 않
  는다.

② 건미역을 찬물에 5분만 불려라!

· 오래 불리면 건미역 특유의 맛이 빠지고 무침을 했을
  때 물기가 많이 생긴다.
· 뜨거운 물에 불리면 단시간에 많은 물을 흡수해 흐물
  흐물해진다.

만드는 법

❶

양파 2개(400g)를 채 썰고 양파의
매운맛을 빼기 위해 넓은 볼에
물 4컵, 2배 식초 3큰술,
설탕 2큰술을 넣고 설탕이 완전히
녹을 때까지 저어준다.

❷

채 썰어 둔 양파를 2배 식초와
설탕을 섞은 물에 10분간 담가둔다.

❸

건미역 20g을 찬물에서 5분간
불리고, 5분 뒤 미역 불린 물에서
살랑살랑 흔들며 헹군 다음 물기를
꼭 짜준다.

**셰프의
설명**
• 양파를 썰 때 칼에 물을 묻히면 매운 성분이 물에 녹아 썰기 편하다.
• 2배 식초와 설탕을 넣으면 양파의 매운맛 제거는 물론 무친 후 물이 생기지 않는다.

만드는 법

❹

미역은 한입 크기로 썰고,
양파는 체에 밭쳐 물기를 뺀다.

약 1~2분 정도 양파 표면의 **TIP**
수분만 빠지면 준비 완료!

❺

넓은 볼에 물기를 뺀 양파,
5분간 불린 미역, 얇게 채 썬
당근 40g, 5~6cm 길이로 썬
달래 50g을 넣고 재료를
살살 섞어준다.

❻

고춧가루 2큰술, 멸치액젓 2큰술,
2배 식초 4큰술, 설탕 1큰술,
깨소금 3큰술을 넣고 양념이
고루 묻을 수 있게 살살 무친다.

완성

상큼한 별미 봄 반찬!
새콤한 맛으로 입맛 돌게 하는
꼬들꼬들 산뜻한
〈알토란〉표 양파미역무침 완성!

간단 요약! 한 장 레시피

1. 양파 2개(400g)를 채 썰고 양파의 매운맛을 빼기 위해 넓은 볼에 물 4컵, 2배 식초 3큰술, 설탕 2큰술을 넣고 설탕이 완전히 녹을 때까지 저어준다.

2. 채 썰어 둔 양파를 2배 식초와 설탕을 섞은 물에 10분간 담가둔다.

3. 건미역 20g을 찬물에서 5분간 불리고, 5분 뒤 미역 불린 물에서 살랑살랑 흔들며 헹군 다음 물기를 꼭 짜준다.

4. 미역은 한입 크기로 썰고, 양파는 체에 받쳐 물기를 뺀다.

5. 넓은 볼에 물기를 뺀 양파, 5분간 불린 미역, 얇게 채 썬 당근 40g, 5~6cm 길이로 썬 달래 50g을 넣고 재료를 살살 섞어준다.

6. 고춧가루 2큰술, 멸치액젓 2큰술, 2배 식초 4큰술, 설탕 1큰술, 깨소금 3큰술을 넣고 양념이 고루 묻을 수 있게 살살 무친다.

고추장주꾸미삼겹살볶음

식욕 폭발 주의!
봄철 최강 밥도둑 주꾸미 요리의 끝판왕!
고추장주꾸미삼겹살볶음으로 봄 활력 밥상을 차려보자.

재료
생주꾸미 5마리, 삼겹살 200g, 양파 1개, 대파 1개, 밀가루 1줌, 굵은 소금 1큰술, 고추장 3큰술, 고추기름 2큰술, 고춧가루 3큰술, 간장 2큰술, 매실 원액 3큰술, 다진 마늘 2큰술, 후춧가루 1큰술, 설탕 2큰술, 참기름 1큰술, 통깨 1큰술, 연겨자 반 큰술

① 삼겹살을 채소 육수에 데쳐라!

· 채소 육수에 데치면 그냥 볶을 때보다 단맛이 증가한다.
· 고기의 누린내와 기름기까지 제거하는 효과가 있다.
· 삼겹살을 바로 볶으면 약불엔 육즙이 사라지고 센 불엔 양념만 타버린다.

② 겨자 소스를 넣어라!

· 겨자를 넣으면 매콤한 맛은 물론 고기 잡내 제거와 연육 효과를 얻을 수 있다.

신선한 주꾸미 고르는 법

① 등이 흑갈색을 띠며 광택이 나는 것
② 빨판 모양이 균일하고 하얀 것
③ 눈이 튀어나온 것

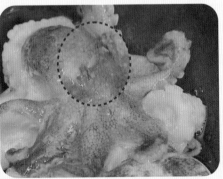

주꾸미 손질법

① 머리 부분에 엄지손가락을 넣어 뒤집어서 먹물이 터지지 않도록 주의하며 먹물 주머니를 떼어낸다.

② 볼에 밀가루 1줌, 굵은 소금 1큰술을 넣고 5~10분간 치대 이물질을 제거한다.

③ 치댄 주꾸미를 거품이 안 나올 때까지 3~4번 흐르는 물에 씻는다.

④ 다리를 찢는 듯이 떼어내고 눈과 이빨을 분리하여 준비한다.

TIP 목장갑을 끼고 손질하면 미끄러움을 방지할 수 있다.

만드는 법

①

끓는 물에 손질한 주꾸미 5마리를
넣고 30초간 살짝 데친 다음 잔열이
사라질 때까지 찬물에 넣어
식힌 후 꺼낸다.

②

대파는 길게 4 등분 한 후
5cm 길이로 썰고,
양파 1개는 1cm 두께로 썬다.

③

삼겹살 200g을 4~5cm 길이로
큼직하게 썬다.

**셰프의
설명**
- 주꾸미는 살짝 데친 다음 볶으면 수분이 발생하는 것을 방지할 수 있다.
- 오래 데치면 질겨지는 주꾸미는 30초 정도 데치면 식감이 살아난다.
- 찬물에 식히기① 주꾸미 살이 탱글탱글해져 쫄깃한 식감이 높아진다.
- 찬물에 식히기② 실온에 식힐 경우 잔열로 인해 수분이 줄어들어 식감이 질겨진다.

만드는 법

④

끓는 물에 썰어 놓은 대파를 20~30 초간 살짝 데친 후 건져내고, 데친 물에 양파를 넣고 30~40초간 데친 다음 건져내 채소 육수를 만든다.

데친 채소는 버리지 않고 **TIP** 마지막에 넣어 활용!

⑤

끓는 채수에 삼겹살 200g을 넣고 핏기가 사라질 때까지 30초~1분간 데친 후 건져낸다.

⑥

달군 팬에 고추기름 2큰술, 다진 마늘 2큰술을 넣고 약 10초간 볶은 다음 진간장 2큰술을 넣고 30초간 함께 볶는다.

셰프의 설명
- 고추기름을 넣으면 칼칼하고 매콤한 맛을 두 배로 살릴 수 있다.
- 고추기름 대신 식용유를 사용해도 양념의 고춧가루가 식용유에 볶아지면서 고추기름 효과를 낸다

49

만드는 법

❼

불을 끄고 고춧가루 3큰술,
설탕 2큰술, 후춧가루 1큰술,
고추장 3큰술을 넣고 볶는다.

TIP 타지 않도록 불을 끄고 양념 넣기!

❽

맛술 2큰술, 매실 원액 3큰술을 넣고
다시 불을 켠 다음 볶다가 양념장이
끓기 시작하면 타지 않도록
다시 불을 끈다.

TIP 양념장이 끓으면 다시 불 끄기!

❾

센 불에 삼겹살을 넣고
먼저 볶은 후 데친 주꾸미를 넣고
함께 볶는다.

**셰프의
설명**

• 고춧가루를 함께 넣으면 고추장 특유의 텁텁함은 사라지고 맛깔스러운 빛깔까지 낼 수 있다.
• 불을 켠 상태에서 고춧가루, 고추장을 볶으면 쓴맛이 나므로 불을 끄고 팬에 남은 잔열로 볶는다.

만드는 법

⑩

데친 채소를 넣고 함께 볶은 후
연겨자 반 큰술을 넣고
더 볶아준다.

⑪

불을 끄고 참기름 1큰술을 넣어
섞어준 다음 접시에 옮겨 담아
통깨 1큰술을 뿌려 완성한다.

깻잎, 김, 날치알을 곁들여 먹으면 good! TIP

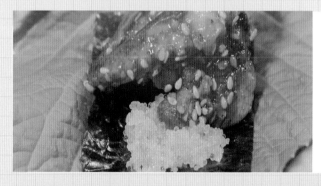

미리 데쳐 기름기 없이 깔끔하게!
매콤달콤한 밥도둑 끝판왕
고추장주꾸미삼겹살볶음 완성!

**셰프의
설명**
• 양념이 짤 경우, 소금을 넣지 않은 끓는 물에 콩나물을 3분간 데친 후 찬물에 헹궈 곁들어 먹어도 맛있다.

완성

1. 끓는 물에 손질한 주꾸미 5마리를 넣고 30초간 살짝 데친 다음 잔열이 사라질 때까지 찬물에 넣어 식힌 후 꺼낸다.

2. 대파는 길게 4 등분 한 후 5cm 길이로 썰고, 양파 1개는 1cm 두께로 썬다.

3. 삼겹살 200g을 4~5cm 길이로 큼직하게 썬다.

4. 끓는 물에 썰어 놓은 대파를 20~30초간 살짝 데친 후 건져내고, 데친 물에 양파를 넣고 30~40초간 데친 다음 건져내 채소 육수를 만든다. (데친 대파와 양파는 볶을 때 사용)

5. 끓는 채수에 삼겹살 200g을 넣고 30초~1분간 데친 후 핏기가 사라지면 건져낸다.

6. 달군 팬에 고추기름 2큰술, 다진 마늘 2큰술을 넣고 약 10초간 볶은 다음 진간장 2큰술을 넣고 30초간 함께 볶는다.

7. 불을 끄고 고춧가루 3큰술, 설탕 2큰술, 후춧가루 1큰술, 고추장 3큰술을 넣고 볶는다.

8. 맛술 2큰술, 매실 원액 3큰술을 넣고 다시 불을 켠 다음 볶다가 양념장이 끓기 시작하면 타지 않도록 다시 불을 끈다.

9. 센 불에 삼겹살을 넣고 먼저 볶은 후 데친 주꾸미를 넣고 함께 볶는다.

10. 데친 채소를 넣고 함께 볶은 후 연겨자 반 큰술을 넣고 더 볶아준다.

11. 불을 끄고 참기름 1큰술을 넣어 섞어준 다음 접시에 옮겨 담아 통깨 1큰술을 뿌려 완성한다. (취향에 따라 깻잎, 김, 날치알 곁들이기)

꽃게탕

봄 제철을 맞아 달콤한 살과 고소한 알이 꽉 들어찬 천하일미!
봄 바다의 여왕, '꽃게'
얼큰한 국물 속 달콤한 꽃게살이 일품인
꽃게탕을 더 맛있게 끓이는 비법은?

재료

꽃게 2마리, 배춧잎 5장, 곱슬이 콩나물 1줌, 대파 흰 대 1대, 청양고추 1개, 홍고추 1개, 물 10컵(2L), 건다시마 2장(10×10cm), 디포리(밴댕이) 10마리, 다진 마늘 1큰술, 소주 2큰술, 고춧가루 1큰술

배추 양념 재료: 된장 3큰술, 고추장 1큰술, 후춧가루 반 작은술, 고춧가루 1큰술

꽃게 암·수 구별법

수꽃게
배딱지가 뾰족한 것

암꽃게
배딱지가 동그란 것

꽃게 손질법

① 등딱지와 몸통 사이에 숟가락 손잡이를 끼운다.

② 숟가락을 지렛대 삼아서 등딱지와 몸통을 분리한다.

③ 아가미는 숟가락으로 제거한다.

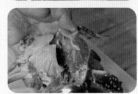

TIP 숟가락으로 등딱지 안쪽에 모래주머니를 긁어서 제거!

맛의 한 수

① 디포리(밴댕이) 육수를 써라!

· 디포리는 멸치와 달리 내장의 쓴맛이 적고 깔끔하다.
· 멸치 육수를 사용할 경우 멸치 육수는 10~15분간만 끓여야 쓴맛이 나지 않는다.

② 배추를 데쳐서 넣어라!

· 꽃게탕의 국물 맛이 더욱 시원하고 부드러워지고, 꽃게의 비린내를 잡아준다.
· 배춧잎을 넣으면 풋내가 나고 양념이 잘 배지 않는 데다 익는 속도가 빨라 곤죽이 될 가능성이 높아진다.
· 데친 후 양념을 하면 배춧속까지 양념이 잘 배고 끓였을 때 물러지는 것을 방지한다.

만드는 법

❶

손질한 꽃게의 다리 끝부분과
잔여물을 다듬고,
먹기 좋게 4 등분 한다.

❷

손질한 건다시마 2장(10×10cm)과
디포리(밴댕이) 10마리를 넣고
물이 끓기 시작하면 다시마는
건져내고 중불에 10분 더 끓인
다음 디포리를 체에 걸러
맑은 육수를 만든다.

❸

배춧잎 5장을 끓는 물에 1분 정도
데쳐 찬물에 헹군 다음 물기를
제거하고 먹기 좋게 찢어준다.

TIP 배춧잎 숨이 죽을 정도만 데치기!

**셰프의
설명**

- 꽃게를 4 등분 하는 이유① 양념이 잘 배는 최적의 크기이다.
- 꽃게를 4 등분 하는 이유② 더 잘게 나눌 경우 살이 빠져나와 꽃게탕 국물이 탁해진다.
- 육수가 끓을 때 다시마를 건져내야 국물이 깔끔하다.

만드는 법

❹

데친 배추에 된장 3큰술,
고추장 1큰술, 후춧가루 반 작은술,
고춧가루 1큰술을 먼저 넣고
양념이 잘 배도록 무쳐준다.

❺

냄비에 양념한 배추를 올리고
불을 켠 다음 손질한 꽃게와 손질한
곱슬이 콩나물 1줌을 넣은 후
육수 7컵을 붓고 끓인다.

❻

대파 1대, 청양고추 1개,
홍고추 1개를 어슷썰기해서 넣는다.

만드는 법

❼

센 불에 10분 정도 끓인 후 꽃게가
빨갛게 익기 시작하면 국물에 뜨는
지저분한 거품을 걷어낸다.

❽

다진 마늘 1큰술을 여러 군데
나누어 넣고 소주 2큰술,
고춧가루 1큰술을 넣는다.

TIP 고춧가루는 기호에 따라 첨가!

속이 꽉 찬 봄철 바다 보약.
꽃게와 배추의 환상 조합,
〈알토란〉표 꽃게탕 완성!

**셰프의
설명**
• 마늘을 오래 끓이면 쓴맛이 나고 고유의 맛과 향이 사라진다.
• 된장과 고추장이 들어간 음식에 소금 간을 하면 쓴맛이 날 수 있다.
• 장이 들어간 음식의 간은 국간장으로 하는 것이 좋다.
• 꽃게탕 완성 직전 소주를 넣으면 꽃게의 비린내를 잡아주고 깔끔한 맛을 낸다.

완성

간단 요약! 한 장 레시피

1. 손질한 꽃게의 다리 끝부분과 잔여물을 다듬고, 먹기 좋게 4 등분 한다.

2. 손질한 건다시마 2장(10×10cm)과 디포리(밴댕이) 10마리를 넣고 물이 끓기 시작하면 다시마는 건져내고 중불에 10분 더 끓인 다음 디포리를 체에 걸러 맑은 육수를 만든다.

3. 배춧잎 5장을 끓는 물에 1분 정도 데쳐 찬물에 헹군 다음 물기를 제거하고 먹기 좋게 찢어준다.

4. 데친 배추에 된장 3큰술, 고추장 1큰술, 후춧가루 반 작은술, 고춧가루 1큰술을 넣고 양념이 잘 배도록 무쳐준다.

5. 냄비에 양념한 배추를 올리고 불을 켠 다음 손질한 꽃게와 손질한 곱슬이 콩나물 1줌을 넣은 후 육수 7컵을 붓는다.

6. 대파 1대, 청양고추 1개, 홍고추 1개를 어슷썰기해서 넣는다.

7. 센 불에 10분 정도 끓인 후 꽃게가 빨갛게 익기 시작하면 국물에 뜨는 지저분한 거품을 걷어낸다.

8. 다진 마늘 1큰술을 여러 군데 나누어 넣고 소주 2큰술, 고춧가루 1큰술을 넣는다.

(*고춧가루는 기호에 따라 가감)

갑오징어무침

탱글탱글 쫄깃한 갑오징어와 오도독한 무말랭이의 환상적인 조화!
씹을수록 풍미가 터져 나오는
갑오징어무침의 매력에 빠져보자.

재료

갑오징어 2마리, 무 1kg, 쪽파 5대, 물엿 8큰술, 굵은 소금 4큰술(오징어 데칠 때 2큰술, 무 절일 때 2큰술),
식초 4큰술

양념 재료: 양파즙 3큰술, 중간 고춧가루 7큰술, 멸치액젓 3큰술, 물엿 2큰술, 다진 마늘 3큰술,
생강즙 반 큰술, 황설탕 2큰술, 꽃소금 1꼬집

갑오징어 고르는 법

① 살이 단단한 것
② 먹물이 터지지 않은 것

갑오징어 손질법

① 몸통과 다리 사이를 엄지손가락으로
   눌러 벌린다.

② 갑오징어 뼈가 몸쪽으로 향하게 한 다음
   엄지손가락을 양쪽에 넣고 눌러 뼈를
   제거한다.

③ 몸통에 손을 넣고 내장을 살살 잡아당겨
   빼내고, 다리에 붙은 내장을 칼로
   잘라낸다.

④ 뒤집어서 눈 사이로 칼집을 내 입과
   눈을 제거한다.

⑤ 갑오징어의 껍질은 키친타월을
   사용하면 수월하게 벗길 수 있다.

⑥ 껍질을 벗긴 후 찬물에 2~3번 헹궈준다.

⑦ 갑오징어의 몸통을 반으로 자르고 칼을
   뉘여 사선으로 교차하며 칼집을 낸다.

만드는 법

1

끓는 물에 소금 2큰술을 넣고
칼집 낸 갑오징어 2마리를 넣어
1분 정도 데친 다음 찬물에 넣어
한 김 식혀 체에 밭쳐 물기를 뺀다.

2

갑오징어 몸통이 말리지 않도록
가로 방향으로 펴서 먹기 좋게 썬다.

3

무 1kg을 나무젓가락 굵기로
5~6cm 길이로 채 썰어 준비한다.

셰프의 설명
- 갑오징어를 썰어서 데칠 경우 본연의 맛이 빠지므로 통째로 데쳐야 한다.
- 데친 후 실온에서 식히면 잔열 때문에 계속 익어 갑오징어가 질겨진다.

만드는 법

④

채 썬 무에 물엿 8큰술,
굵은 소금 2큰술, 식초 4큰술을
넣고 섞어 1시간마다 뒤집으며
총 3시간 절인다.

⑤

면포에 절인 무말랭이를 넣고
꽉 짜 물기를 제거한다.

⑥

볼에 데친 갑오징어를 넣고
양파즙 3큰술을 넣어
골고루 버무린다.

만드는 법

❼

절인 무를 넣고 중간 고춧가루
7큰술을 넣고 버무린다.

❽

멸치액젓 3큰술, 물엿 2큰술,
다진 마늘 3큰술, 생강즙 반 큰술,
황설탕 2큰술, 꽃소금 1꼬집,
쪽파 5대를 3~4cm로 잘라 넣고
무친 다음 통깨 적당량을 뿌려
마무리한다.

매콤 새콤한 맛으로
잃어버린 봄 입맛을 살리자.
쫄깃한 식감이 예술!
〈알토란〉표 갑오징어무침

완성

간단 요약! 한 장 레시피

1. 끓는 물에 소금 2큰술을 넣고 칼집 낸 갑오징어 2마리를 넣어 1분 정도 데친다.

2. 데친 갑오징어를 찬물에 넣어 한 김 식혀 체에 밭쳐 물기를 뺀다.

3. 갑오징어 몸통이 말리지 않도록 가로 방향으로 펴서 먹기 좋게 썬다.

4. 무 1kg을 나무젓가락 굵기로 5~6cm 길이로 채 썰어 준비한다.

5. 채 썬 무에 물엿 8큰술, 굵은 소금 2큰술, 식초 4큰술을 넣고 섞어 1시간마다 뒤집으며 총
   3시간 절인다.

6. 면포에 절인 무말랭이를 넣고 꽉 짜 물기를 제거한다.

7. 볼에 데친 갑오징어를 넣고 양파즙 3큰술을 넣어 골고루 버무린다.

8. 절인 무를 넣고 중간 고춧가루 7큰술을 넣고 버무린다.

9. 멸치액젓 3큰술, 물엿 2큰술, 다진 마늘 3큰술, 생강즙 반 큰술, 황설탕 2큰술, 꽃소금
   1꼬집, 쪽파 5대를 3~4cm로 잘라 넣고 무친 다음 통깨 적당량을 뿌려 마무리한다.

미나리오징어국

향긋한 봄 미나리와 쫄깃한 오징어의 맛있는 만남!
개운하고 시원한 미나리오징어국으로
입안 가득 봄을 만끽하자!

 재료   생물 오징어 300g, 미나리 줄기 150g, 무 500g, 육수 8컵, 대파 150g, 양파 100g, 청양고추 30g, 소금 1큰술

육수 재료: 물 2L, 멸치 20g, 디포리 30g

양념 재료: 육수 3큰술, 참기름 2큰술, 다진 마늘 3큰술, 고운 고춧가루 5큰술, 다진 생강 반 작은술

만드는 법

①

미나리 줄기 150g은 4~5cm 길이로
손질하고, 생물 오징어 300g은
내장을 제거하고 썰어서 준비하고,
칼로 도톰하게 삐진 무 500g을
준비한다.

②

물 2L, 디포리 30g,
멸치 20g을 넣고
중불에서 3~40분 끓여
육수를 만든다.

물

멸치

디포리

③

센 불에 달군 냄비에
무 500g을 넣고 육수 3큰술,
참기름 2큰술을 넣는다.

만드는 법

❹

다진 마늘 3큰술,
고운 고춧가루 5큰술,
다진 생강 반 작은술을 넣고
볶는다.

❺

육수 8컵을 넣고 무가 반 정도
익을 때까지 센 불에서 10분 동안
끓인다.

❻

대파 150g, 양파 100g을 넣고
약 1분 후 양파가 살짝 익으면
청양고추 30g을 넣고 소금 1큰술을
넣어 간한다.

입맛에 따라 소금 양 가감! TIP

**셰프의
설명** • 고춧가루를 함께 볶아주면 고춧가루가 국물 위에 뜨지 않는다.

만드는 법

❼

채소가 익었을 때
오징어 300g을
넣은 후 센 불에서
1~2분만 끓인다.

❽

미나리 150g을 넣고
미나리의 파릇한 색감이
살아나도록 센 불에서
1분만 끓여준다.

향긋한 미나리로
봄을 만끽한다!
얼큰·시원한
미나리오징어국 완성!

완성

1. 미나리 줄기 150g은 4~5cm 길이로 손질하고, 생물 오징어 300g은 내장을 제거하고 썰어서 준비하고, 칼로 도톰하게 삐진 무 500g을 준비한다.

2. 물 2L, 디포리 30g, 멸치 20g을 넣고 중 불에서 3~40분 끓여 육수를 만든다.

3. 센 불에 달군 냄비에 무 500g을 넣고 육수 3큰술, 참기름 2큰술, 다진 마늘 3큰술, 고운 고춧가루 5큰술, 다진 생강 반 작은술을 넣고 볶는다.

4. 육수 8컵을 넣고 무가 반 정도 익을 때까지 센 불에서 10분 동안 끓인다.

5. 대파 150g, 양파 100g을 넣고 약 1분 후 양파가 살짝 익으면 청양고추 30g을 넣고 소금 1큰술을 넣어 간한다. (* 소금의 양은 입맛에 따라 가감)

6. 채소가 익었을 때 오징어 300g을 넣은 후 센 불에서 1~2분만 끓인다.

7. 미나리 150g을 넣고 미나리의 파릇한 색감이 살아나도록 센 불에서 1분만 끓여준다.

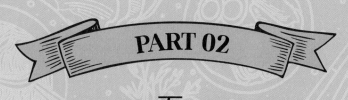

PART 02

여름夏 밥상

사계(四季)를 먹다.
그 두 번째, 여름.

가만히 서 있기만 해도 등줄기에 땀이 흐르는 불볕더위에
몸도 마음도 지치는 계절.
불 앞에 오래 있지 않고 뚝딱 만들어 시원하고 맛있게 즐기는
〈알토란〉 표 여름 밥상으로 더위를 한 방에 타파한다!

기운 팍팍! 입맛 팍팍!
잃어버린 입맛을 살려줄 싱그러운 여름 제철 채소 요리는 물론
떨어진 기력을 회복시켜줄 여름 맞춤 보양 요리까지!

비법 가득한 여름의 참맛, 〈알토란〉 표 여름 밥상과 함께
무더위에 지친 심신(心身)을 달래보자.

열무물김치

무더운 여름엔 보기만 해도 시원해지는 열무물김치가 답!
보리밥과 비벼 먹어도 좋고~ 국수를 말아먹어도 좋고~
한 번 담그면 여름 밥상 걱정 끝!
열무물김치를 더 맛있게! 더 시원하게! 담가보자.

 재료 열무 2kg, 당근 1개, 양파 1개, 청양고추 30개, 풋고추 30개, 물 4L, 고추씨 200g, 새우젓 1컵(200g), 찬밥 3큰술, 생강 40g, 통마늘 30개(100g), 소금 반 컵(100g), 멸치액젓 4큰술, 설탕 4큰술

소금물 재료: 물 2L, 천일염 1컵

만드는 법

①
열무 2kg을 물에 살살 헹궈 흙과
이물질을 제거하고, 무 중 큰 것은
반으로 가르고 잔뿌리를 제거한
다음 줄기는 5~6cm 길이로 썬다.
열무 잎은 나물 요리에 활용해도 OK! TIP

②
물 2L, 천일염 1컵을 넣고
녹여 소금물을 만든다.

③
손질한 열무에 소금물을 골고루
뿌리고 10분마다 뒤집어 총 20분간
절여 찬물에 두어 번 헹군 후
체에 밭쳐 물기를 뺀다.

> **셰프의 설명**
> • 소금물로 절이면 골고루 절일 수 있고 억센 열무의 풋내 제거가 가능하다.
> • 담가 바로 먹는 열무물김치는 단시간 절여야 한다.
> • 물김치용 열무는 헹군 후 물기를 충분히 빼야 간을 맞추기 쉽다.

만드는 법

④
고추씨 200g은 체에 밭쳐
빨간 물이 나오지 않을 때까지
씻는다.

⑤
물 4L에 씻은 고추씨 200g과
새우젓 1컵(200g)을 넣고 중불에
15분간 끓인 후 체에 걸러
차게 식혀 고추씨 육수를 만든다.

⑥
믹서에 찬밥 3큰술, 생강 40g,
통마늘 30개(100g),
식힌 고추씨 육수 일부를
넣고 곱게 간다.

셰프의 설명
• 고추씨 육수를 넣으면 칼칼한 맛과 풍미가 좋다.
• 새우젓을 함께 끓이면 비린내 제거는 물론 구수한 맛이 증가한다.

만드는 법

7

식힌 고추씨 육수에 간 재료를
넣고 멸치액젓 4큰술, 설탕 4큰술,
소금 반 컵(100g)으로 간을 해
김칫국물을 만든다.

8

절인 열무를 밀폐 용기에 담고 채 썬
당근과 양파 각 1개, 어슷썰기한
청양고추와 풋고추
각 30개를 넣는다.

고추는 입맛에 맞춰 가감! TIP

9

김칫국물을 붓고 실온에서
반나절 숙성 후 냉장 보관한다.

완성

시원한 국물이 일품인
초여름 밥도둑!
무더위에 잃어버린 입맛을 살려줄
여름 대표 김치, 열무물김치!

간단 요약! 한 장 레시피

1. 열무 2kg을 물에 살살 헹궈 흙과 이물질을 제거하고, 무 중 큰 것은 반으로 가르고 잔뿌리를 제거한 다음 줄기는 5~6cm 길이로 썬다.

2. 물 2L, 천일염 1컵을 넣고 녹여 만든 소금물을 손질한 열무에 골고루 뿌리고 10분마다 뒤집어 총 20분간 절여 찬물에 두어 번 헹군 후 체에 밭쳐 물기를 뺀다.

3. 고추씨 200g은 체에 밭쳐 빨간 물이 나오지 않을 때까지 씻는다.

4. 물 4L에 씻은 고추씨 200g과 새우젓 1컵(200g)을 넣고 중불에 15분간 끓인 후 체에 걸러 차게 식혀 고추씨 육수를 만든다.

5. 믹서에 찬밥 3큰술, 생강 40g, 통마늘 30개(100g), 식힌 고추씨 육수 일부를 넣고 곱게 간다.

6. 식힌 고추씨 육수에 간 재료를 넣고 멸치액젓 4큰술, 설탕 4큰술, 소금 반 컵(100g)으로 간을 해 김칫국물을 만든다.

7. 절인 열무를 밀폐 용기에 담고 채 썬 당근과 양파 각 1개, 어슷썰기한 청양고추와 풋고추 각 30개를 넣는다. (* 고추는 입맛에 맞춰 가감)

8. 김칫국물을 붓고 실온에서 반나절 숙성 후 냉장 보관한다.

열무비빔국수

아삭아삭한 열무를 씹을 때마다 시원한 채즙이 팡팡!
열무물김치만 있으면 누구나 뚝딱 만드는
새콤달콤 열무비빔국수로 간단한 여름 밥상을 차려보자.

재료   열무물김치 건더기 150g, 채 썬 오이 약간, 삶은 달걀, 삶은 소면 200g

양념 재료: 고운 고춧가루 4큰술, 매실액 5큰술, 다진 마늘 1큰술, 통깨 1큰술

만드는 법

❶

볼에 고운 고춧가루 4큰술,
매실액 5큰술, 다진 마늘 1큰술,
참기름 2큰술을 넣는다.

❷

통깨 1큰술을 으깨 넣은 다음
잘 익은 열무물김치 국물 반 컵을
넣고 섞는다.

❸

볼에 삶은 소면 200g,
열무물김치 건더기 150g,
양념장 적당량을 넣고 잘 비벼
채 썬 오이 약간과 삶은 달걀을
고명으로 올린다.

**셰프의
설명**

• 고운 고춧가루는 맑은 열무물김치로 할 경우 넉넉히 넣어주고, 빨간 열무김치로 할 경우 조금만 넣어준다.
• 새콤하게 잘 익은 열무물김치 국물을 넣으면 식초나 고추장을 넣지 않아도 된다.

완성

푹 익은 열무로 만들어
새콤달콤한 맛으로
입맛 살려주는 별미,
초간단 열무비빔국수 완성!

간단 요약! 한 장 레시피

1. 볼에 고운 고춧가루 4큰술, 매실액 5큰술, 다진 마늘 1큰술, 참기름 2큰술을 넣고 통깨 1큰술을 으깨 넣은 다음 잘 익은 열무물김치 국물 반 컵을 넣고 섞는다.
2. 볼에 삶은 소면 200g, 열무물김치 건더기 150g, 양념장 적당량을 넣고 잘 비빈다.
3. 채 썬 오이 약간과 삶은 달걀을 고명으로 올린다.

감자전

시원한 여름 장대비가 내리는 날이면 어김없이 생각나는 그 맛!
쫀득쫀득 구수한 맛이 일품인 감자전.
언제 먹어도 맛있는 여름 제철 별미,
겉은 바삭! 속은 쫀득! 감자전의 황금 레시피를 알아보자.

재료 감자 4개(약 800g), 소금 약간, 양파 1개, 청양고추 4개, 홍고추 2개, 밀가루 1컵 반

만드는 법

❶

갈변 방지를 위해 볼에 약간의
소금을 넣고 강판에
감자 4개(약 800g)를 갈며
소금을 중간중간 뿌린다.

감자와 손에 소금을 묻혀서 갈면 TIP
미끄럼 방지!

❷

양파 1개를 잘게 다져 갈아 놓은
감자에 넣는다.

감자 4개 기준 양파 1개면 충분! TIP

❸

반으로 갈라 송송 썬
청양고추 4개와 홍고추 2개를 넣고
밀가루 1컵 반을 넣어
골고루 섞는다.

셰프의
설명

- 감자를 믹서에 갈면 섬유질이 끊어지고 영양분이 파괴되므로 강판에 간다.
- 다진 양파를 넣으면 아삭한 식감과 시원한 맛이 더해져 한층 맛이 풍부해지고, 감자의 갈변을 막아주는 역할을 한다.
- 밀가루를 넣으면 수분과 전분기를 잡아 바삭한 식감을 낼 수 있다.

만드는 법

④

센 불로 달군 팬에 기름을
넉넉히 두르고 감자전
반죽을 얹는다.

⑤

가장자리가 노릇해지고
가운데 중간중간이 투명해지면
뒤집는다.

TIP 뒤집개를 전 밑으로 넣고 팬을 돌리면서
뒤집기!

비가 오면 생각나는 부침개!
쉽고 간단한
〈알토란〉만의 비법으로
더 고소하고 쫀득한
감자전 완전 정복!

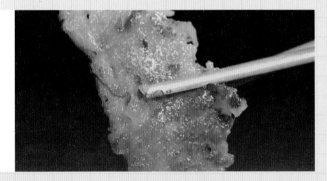

**셰프의
설명**
· 팬이 뜨겁게 달궈졌을 때 기름을 둘러야 기름이 타지 않는다.
· 바삭바삭한 식감을 위해 얇게 부치는 게 좋다.
· 감자전 부칠 때 주걱으로 눌러주면 쫀득함이 더 살아난다.

완성

1. 갈변 방지를 위해 볼에 약간의 소금을 넣고 강판에 감자 4개(약 800g)를 갈며 소금을 중간중간 뿌린다.
2. 양파 1개를 잘게 다져 갈아 놓은 감자에 넣고 반으로 갈라 송송 썬 청양고추 4개와 홍고추 2개와 밀가루 1컵 반을 넣어 골고루 섞는다.
3. 센 불로 달군 팬에 기름을 넉넉히 두르고 감자전 반죽을 얹는다.
4. 가장자리가 노릇해지고 가운데 중간중간이 투명해지면 뒤집는다.

감자탕

〈알토란〉표 레시피만 있다면
더운 여름철 '뭘 먹을까?' 하는 걱정 끝!
기운이 불끈 샘솟는 이열치열의 끝판왕!
압력솥과 재료만 있다면 1시간 만에 뚝딱, 초간단 감자탕이 완성된다.

재료

등뼈 2kg, 배추 우거지 8장, 무 2조각(¼개), 양파 1개, 대파 3대, 건고추 3개, 감자 2개, 깻잎순 100g, 물 2.5L,
고운 고춧가루 50g, 굵은 고춧가루 50g, 새우젓 7큰술(100g), 된장 6큰술 반(100g), 설탕 3큰술(25g),
다진 마늘 2컵(200g), 후춧가루 1작은술, 소주 반 컵, 소금 약간, 거피 낸 볶은 들깻가루 3큰술

만드는 법

❶

찬물에 담가 반나절 동안
핏물 뺀 등뼈 2kg을 끓는 물에
넣어 10분간 데친 뒤 찬물에 담가
불순물을 닦아낸다.

❷

끓는 물에 배추 우거지 8장을
넣어 10분간 데친 후 찬물에 담가
헹궈 물기를 짜 먹기 좋은 크기로
찢는다.

❸

압력솥에 크게 썬 무 2조각(¼개),
반으로 자른 양파 1개, 대파 2대,
반으로 자른 건고추 3개,
데친 등뼈 2kg, 손질한 우거지 8장,
껍질 벗긴 감자 2개를 넣는다.

**셰프의
설명**
• 압력솥을 사용하면 물 끓는 데 10분, 삶는 데 30분으로 시간을 단축할 수 있다.
• 압력솥으로 삶게 되면 고기가 연해지고 재료에 골고루 양념이 배 따로 양념할 필요가 없다.
• 채소를 깔아주면 고기가 타는 것을 방지하고 시원하고 깊은 국물 맛을 낸다.

만드는 법

④

물 2.5L에 고운 고춧가루·굵은 고춧가루 각 50g, 새우젓 7큰술(100g), 된장 6큰술 반(100g), 설탕 3큰술(25g), 다진 마늘 2컵(200g)을 넣는다.

⑤

후춧가루 1작은술, 소주 반 컵을 넣어 양념을 만들고 양념장과 건더기까지 모두 압력솥에 붓는다.

⑥

압력솥 뚜껑을 닫고 센 불로 삶다가 추 소리가 나면 중불로 줄여 30분간 삶고 불을 끈 후 10분간 뜸 들인다.

셰프의 설명   • 새우젓을 함께 끓이면 비린내 제거는 물론 구수한 맛이 증가한다.

만드는 법

❼

삶은 우거지·감자·등뼈를 건져낸 뒤
국물을 체에 걸러 건더기는 버리고
국물 위에 뜬 기름은 걷어낸다.

싱거울 경우 소금으로 간맞추기 **TIP**

❽

전골냄비에 삶은 등뼈·감자·
우거지를 넣고 거피 낸 볶은 들깻가
루 3큰술, 깻잎순 100g, 송송 썬
대파 1대를 넣고 국물을 넣어
한소끔 끓인다.

푹푹 찌는 더위에 웨이팅은 그만!
이제 집에서 압력솥으로
뚝딱 만들어
맛집의 감자탕 맛을 즐겨보자!

완성

간단 요약! 한 장 레시피

1. 찬물에 담가 반나절 동안 핏물 뺀 등뼈 2kg을 끓는 물에 넣어 10분간 데친 뒤 찬물에 담가 불순물을 닦아낸다.
2. 끓는 물에 배추 우거지 8장을 넣어 10분간 데친 후 찬물에 담가 헹궈 물기를 짜 먹기 좋은 크기로 찢는다.
3. 압력솥에 크게 썬 무 2조각(¼개), 반으로 자른 양파 1개, 대파 2대, 반으로 자른 건고추 3개, 데친 등뼈 2kg, 손질한 우거지 8장, 껍질 벗긴 감자 2개를 넣는다.
4. 물 2.5L에 고운 고춧가루·굵은 고춧가루 각 50g, 새우젓 7큰술(100g), 된장 6큰술 반(100g), 설탕 3큰술(25g), 다진 마늘 2컵(200g), 후춧가루 1작은술, 소주 반 컵을 넣어 양념을 만든다.
5. 양념장과 건더기까지 모두 압력솥에 붓고 뚜껑을 닫은 뒤 센 불로 삶다가 추 소리가 나면 중불로 줄여 30분간 삶고 불을 끈 후 10분간 뜸 들인다.
6. 삶은 우거지·감자·등뼈를 건져낸 뒤 국물을 체에 걸러 건더기는 버리고 국물 위에 뜬 기름은 걷어낸다.
7. 전골냄비에 삶은 등뼈·감자·우거지를 넣고 거피 낸 볶은 들깻가루 3큰술, 깻잎순 100g, 송송 썬 대파 1대를 넣고 국물을 넣어 한소끔 끓인다.

돼지고기가지찜

내 몸에 약이 되는 보랏빛 보약 채소 "가지"!
볶음요리부터 무침, 구이까지 입맛 당기게 하는 가지와 돼지고기로
오감 만족 돼지고기가지찜에 도전해보자!

 재료 가지 3개, 다진 돼지고기 150g, 두부 50g, 중멸치 10마리, 물 2컵, 멸치액젓 2큰술, 물엿 1큰술, 쪽파 약간, 통깨 약간

밑간 재료: 고추장 1큰술, 간장 1큰술, 설탕 1큰술, 다진 마늘 1큰술, 후춧가루 1꼬집, 다진 양파 반 개, 다진 청양고추 3개

만드는 법

---

①

마른 팬에 가지 3개를 통째로 넣고
센 불에 5분간 구운 후 꺼내
식힌 다음 윗면을 반으로 가른다.

②

다진 돼지고기 150g을 면포에 넣어
물기를 꽉 짠 후 칼등으로 으깬 두부
50g과 함께 섞는다.

③

고추장·간장 각 1큰술과 후춧가루 1
꼬집을 넣고, 설탕 1큰술, 다진 양파
반 개, 다진 청양고추 3개, 다진 마늘
1큰술을 넣고 섞어 밑간한다.

**셰프의
설명**
- 다진 돼지고기에는 두부를 함께 넣어야 식감이 부드럽다.
- 돼지고기를 고추장으로 양념하면 잡내를 잡고 감칠맛을 더한다.

만드는 법

❹

양념한 고기를 3등분으로 나눈 후
가지 속에 채운다.

❺

팬에 손질한 중멸치 10마리와
물 2컵, 멸치액젓 2큰술, 물엿 1큰술,
속을 채운 가지를 넣고 뚜껑을 덮고
끓어오를 때까지 끓인다.

육수를 내는 동시에 가지 익히기! TIP

❻

끓는 육수를 중간중간 돼지고기
위에 끼얹으며 국물이 거의 없을 때
까지 약 20분간 졸인 후 송송 썬 쪽
파와 통깨 약간씩을 고명으로 올려
마무리한다.

**셰프의
설명**

• 중멸치 10마리는 내장·대가리 제거 후 마른 팬에 약 3분간 볶은 후 사용한다.

완성

돼지고기♥가지의 환상적인 만남!
건강 별미 돼지고기가지찜으로
더욱 풍성한 여름 밥상 완성!

간단 요약! 한 장 레시피

1. 마른 팬에 가지 3개를 통째로 넣고 센 불에 5분간 구운 후 꺼내 식힌 다음 윗면을 반으로 가른다.

2. 다진 돼지고기 150g을 면포에 넣어 물기를 꽉 짠 후 칼등으로 으깬 두부 50g과 함께 섞는다.

3. 고추장·간장 각 1큰술과 후춧가루 1꼬집을 넣고, 설탕 1큰술, 다진 양파 반 개, 다진 청양고추 3개, 다진 마늘 1큰술을 넣고 섞어 밑간한다.

4. 양념한 고기를 3등분으로 나눈 후 가지 속에 채운다.

5. 팬에 손질한 중멸치 10마리와 물 2컵, 멸치액젓 2큰술, 물엿 1큰술, 속을 채운 가지를 넣고 뚜껑을 덮고 끓어오를 때까지 끓인다.

6. 끓는 육수를 중간중간 돼지고기 위에 끼얹으며 국물이 거의 없을 때까지 약 20분간 졸인 후 송송 썬 쪽파와 통깨 약간씩을 고명으로 올려 마무리한다.

애호박초무침

싱그러운 초여름 자연이 주는 제철 채소 선물 '애호박'!
더위를 날릴 매콤·새콤함에 오독오독한 애호박으로
초여름 입맛 책임질 애호박초무침을 만들어보자!

재료

애호박 2개, 오징어채 100g, 굵은 소금 1큰술, 물 2~3큰술, 양파 1개, 식용유 2~3큰술, 참기름 1큰술, 통깨 1큰술

양념 재료: 식초 3큰술, 중간 고춧가루 2큰술, 진간장 1큰술, 다진 마늘 1큰술, 물엿 1큰술, 설탕 1큰술, 액젓 1큰술, 다진 홍고추 1개, 다진 청양고추 2개

만드는 법

1

애호박 2개를 3 등분 한 후 애호박 속이 나올 때까지 돌려 깎은 다음 애호박 껍질을 젓가락 굵기로 채 썬다.

TIP 수분이 많은 애호박 속살은 찌개에 활용!

2

볼에 채 썬 애호박을 넣고 굵은 소금 1큰술을 뿌리고 물 2~3큰술을 넣어 10분간 절인 다음 손으로 짜 물기를 제거한다.

3

센 불로 달군 팬에 식용유 1~2큰술을 넣고 절인 애호박을 넣어 2분간 볶은 후 넓은 그릇에 펼쳐 식힌다.

셰프의 설명
· 애호박을 볶으면 색이 선명해지고 수분이 날아가 식감이 살아난다.
· 볶은 후 넓은 그릇에 펼쳐 식혀야 잔열로 인해 색감과 식감이 떨어지는 것을 방지한다

만드는 법

④

달군 팬에 식용유 1큰술을 넣고 채
썬 양파 1개를 넣어 살짝 볶다가 투
명해지면 소금 1꼬집을 뿌린 다음
불을 끄고 잔열로 양파를 볶는다.

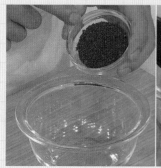

⑤

볼에 식초 3큰술,
중간 고춧가루 2큰술,
진간장·다진 마늘·물엿
각 1큰술을 넣는다.

⑥

설탕과 액젓 각 1큰술과 다진
홍고추 1개, 다진 청양고추 2개를
넣고 섞어 양념장을 만든다.

어떤 액젓이든 OK! TIP

만드는 법

❼

물에 헹군 뒤 물기를 짜서
준비한 오징어채 100g에
양념장 2큰술을 넣고
세게 버무린다.

❽

넓은 볼에 볶아서 식힌 애호박과
양파, 남은 양념장을 넣고 살살
버무린 다음 무쳐 놓은 오징어채를
넣고 섞은 뒤 참기름 1큰술과
통깨 1큰술을 넣어 마무리한다.

침샘 자극하는 매콤·새콤한
궁극의 맛!
〈알토란〉표
애호박초무침으로
초여름 싱그러움을 채우자!

완성

1. 애호박 2개를 3 등분 한 후 애호박 속이 나올 때까지 돌려 깎은 다음 애호박 껍질을 젓가락 굵기로 채 썬다.

2. 볼에 채 썬 애호박을 넣고 굵은 소금 1큰술을 뿌리고 물 2~3큰술을 넣어 10분간 절인 다음 손으로 짜 물기를 제거한다.

3. 센 불로 달군 팬에 식용유 1~2큰술을 넣고 절인 애호박을 넣어 2분간 볶은 후 넓은 그릇에 펼쳐 식힌다.

4. 달군 팬에 식용유 1큰술을 넣고 채 썬 양파 1개를 넣어 살짝 볶다가 투명해지면 소금 1꼬집을 뿌린 다음 불을 끄고 잔열로 양파를 볶는다.

5. 볼에 식초 3큰술, 중간 고춧가루 2큰술, 진간장·다진 마늘·물엿 각 1큰술을 넣는다.

6. 설탕과 액젓 각 1큰술과 다진 홍고추 1개, 다진 청양고추 2개를 넣고 섞어 양념장을 만든다.

7. 물에 헹군 뒤 물기를 짜서 준비한 오징어채 100g에 양념장 2큰술을 넣고 세게 버무린다.

8. 넓은 볼에 볶아서 식힌 애호박과 양파, 남은 양념장을 넣고 살살 버무린 다음 무쳐 놓은 오징어채를 넣고 섞은 뒤 참기름 1큰술과 통깨 1큰술을 넣어 마무리한다.

꽈리고추찜

식욕을 잃는 무더운 여름!
구수한 맛과 씹는 식감이 일품인 꽈리고추찜으로
우리 가족 입맛을 확 살려보자!

재료

꽈리고추 300g, 메밀가루 반 컵, 일회용 봉지

양념 재료: 양조간장 2큰술, 국간장 1큰술, 매실청 2큰술, 다진 마늘 1큰술, 다진 파 2큰술, 들기름 2큰술, 통깨 2큰술, 노란·빨간 파프리카 각 반 개

신선한 꽈리고추 고르는 법

① 꼭지가 파릇한 것

② 탄력 있는 것

③ 겉이 쭈글쭈글한 것

꽈리고추찜용 꽈리고추 손질법

① 깨끗이 씻은 꽈리고추의 꼭지를 제거한다.

② 꼭지 뗀 꽈리고추에 포크로 구멍을 낸다.

③ 꽈리고추에 구멍을 내면 속까지 양념이 잘 밴다.

만드는 법

①

깨끗이 씻어 꼭지를 제거하고
포크로 구멍 낸 꽈리고추 300g을
일회용 봉지에 넣고
메밀가루 반 컵을 넣어 흔들어준다.

②

찜통의 물이 끓으면 면포 위에
꽈리고추를 골고루 펼쳐 넣고
센 불에서 5~6분 정도 쪄준다.

TIP 오래 찌면 물러지고 덜 찌면
　　 설컹설컹해지니, 5~6분이 적당!

③

볼에 찐 꽈리고추를 옮긴다.

세프의 설명

• 메밀가루를 사용하면 구수하고 담백한 맛이 극대화되고, 부드러운 식감을 더해주면서 꽈리고추의 알싸한 향까지 완화시켜준다.

만드는 법

❹

볼에 양조간장 2큰술, 국간장 1큰술,
매실청 2큰술,
다진 마늘 1큰술을 넣는다.

❺

다진 파 2큰술과 들기름 2큰술,
으깬 통깨 1큰술을 넣고 섞어
양념장을 만든다.

❻

찐 꽈리고추에 채 썬 노란·빨간
파프리카 각 반 개를 넣고 양념장을
넣어 골고루 버무린 후
통깨 1큰술을 올려 마무리한다.

파프리카 크기가 크면 ¼개, **TIP**
보통 크기는 반 개!

103

완성

제철 꽈리고추로 입맛을 살리자!
색감과 식감을 더한
최고의 여름 반찬,
구수한 꽈리고추찜 완성!

간단 요약! 한 장 레시피

1. 깨끗이 씻어 꼭지를 제거하고 포크로 구멍 낸 꽈리고추 300g을 일회용 봉지에 넣고
   메밀가루 반 컵을 넣어 흔들어준다.
2. 찜통의 물이 끓으면 면포 위에 꽈리고추를 골고루 펼쳐 넣고 센 불에서 5~6분 정도 쪄준
   다음 볼에 옮긴다.
3. 볼에 양조간장 2큰술, 국간장 1큰술, 매실청 2큰술, 다진 마늘 1큰술, 다진 파 2큰술, 들기름
   2큰술, 으깬 통깨 1큰술을 넣고 섞어 양념장을 만든다.
4. 찐 꽈리고추에 채 썬 노란·빨간 파프리카 각 반 개를 넣고 양념장을 넣어 골고루 버무린 후
   통깨 1큰술을 올려 마무리한다.

고구마순멸치조림

한여름 제철 고구마순으로 만드는 맛깔난 별미 반찬!
멸치의 감칠맛과 비법 조림장으로 풍미를 더한
고구마순멸치조림의 매력에 빠져보자!

재료

삶은 고구마순 600g, 국물 멸치 30g, 양파 반 개, 청양고추 30g(3개)

조림장 재료: 물 1컵, 굵은 고춧가루 2큰술, 고운 고춧가루 2큰술, 진간장 3큰술, 소금 1작은술, 설탕 1큰술, 다진 마늘 3큰술, 맛술 1큰술, 생강즙 1큰술, 후춧가루 1꼬집, 식용유 2큰술, 들기름 2큰술

고구마순 고르는 법

① 줄기가 탱탱한 것
② 껍질이 보랏빛인 것

고구마순 손질법

① 소금물에 20분간 담근 후 껍질을 벗긴다.
② 이파리 부분을 꺾어 그대로 당기면 껍질이 쉽게 제거된다.

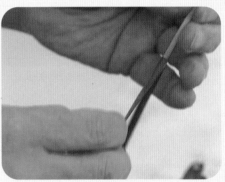

만드는 법

❶

껍질 벗겨 끓는 물에 2~3분간 데쳐
삶은 고구마순 600g을
6~7cm로 썰어 준비한다.

❷

물 1컵에 굵은 고춧가루·고운
고춧가루 각 2큰술, 진간장 3큰술,
소금 1작은술, 설탕 1큰술을 넣는다.

❸

다진 마늘 3큰술, 맛술 1큰술,
생강즙 1큰술, 후춧가루 1꼬집,
식용유 2큰술을 넣어
조림장을 만든다.

**셰프의
설명** 고구마순은 조릴 때도 익히기 때문에 2~3분 정도 데치듯 삶는다.

만드는 법

❹
냄비에 조림장을 넣고
국물용 멸치 30g을 넣은 뒤
센 불을 켠다.

❺
채 썬 양파 반 개와 어슷썰기한
청양고추 30g(3개),
삶은 고구마순 600g을 넣고
뚜껑을 닫아 한소끔 끓인다.

❻
들기름 2큰술을 넣고
불을 끈다.

**셰프의
설명**
· 국물용 멸치는 대가리·내장·등뼈를 제거하고 마른 팬에 볶아서 준비한다.
· 국물용 멸치를 넣어야 멸치 맛이 진하게 우러나와 육수 없이 감칠맛을 낸다.
· 뚜껑을 닫아야 멸치의 맛이 잘 우러나고, 고구마순이 부드러워진다.

완성

멸치의 감칠맛과 초간단
비법 조림장으로 조린 여름 제철
〈알토란〉표 별미 반찬
고구마순멸치조림 완성!

간단 요약! 한 장 레시피

1. 껍질 벗겨 끓는 물에 2~3분간 데쳐 삶은 고구마순 600g을 6~7cm로 썰어 준비한다.

2. 물 1컵에 굵은 고춧가루·고운 고춧가루 각 2큰술, 진간장 3큰술, 소금 1작은술, 설탕 1큰술, 다진 마늘 3큰술, 맛술 1큰술, 생강즙 1큰술, 후춧가루 1꼬집, 식용유 2큰술을 넣어 조림장을 만든다.

3. 냄비에 조림장을 넣고 국물용 멸치 30g을 넣은 뒤 센 불을 켠다.

4. 채 썬 양파 반 개와 어슷썰기한 청양고추 30g(3개), 삶은 고구마순 600g을 넣고 뚜껑을 닫아 한소끔 끓인다.

5. 들기름 2큰술을 넣고 불을 끈다.

오이지

오도독오도독한 식감이 예술!
한 번 담가 여름 내내 즐기는 여름 반찬의 최고봉, 오이지.
3일 숙성! 초간단 오이지의 특급 비법이 공개된다.

재료 다다기오이 20개, 물엿 4컵, 천일염 1컵, 식초 1컵 반, 소주 1컵

오이 손질법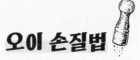

① 오이를 소금으로 문질러 씻으면 상처가 나 오이지가 무를 수 있다.

② 오이에 상처가 나지 않게 부드러운 면포를 사용해 살살 문지르며 깨끗이 씻는다.

③ 쓴맛이 나는 꼭지와 밑동을 잘라야 깔끔한 맛의 오이지가 완성된다.

맛의 한 수

① 물엿을 넣어라!

· 물엿을 넣으면 수분이 빨리 나와 3일 만에 오이지가 완성된다.

· 소금물보다 더 빨리 수분을 빼는 효과가 있다.

· 오이지를 요리에 활용할 때 따로 설탕을 넣지 않아도
  된다.

② 소주를 넣어라!

· 소주를 넣으면 방부제 역할을 해 보존 기간을 늘릴 수 있다.

③ 오이지 숙성하는 법과 활용법

· 반나절에 한 번씩 3~4번 뒤집어 가며 실온에서 숙성
  한다.

· 1주일 숙성 후 오이지만 건져 통에 담아 냉장고에 보관한다.

· 물에 헹군 뒤 시원한 오이지냉국, 오이지무침 등 바로 요리에 사용해도 좋다.

만드는 법

❶

다다기오이 20개는 면포를 이용해
물에 부드럽게 씻은 후
물기를 제거한다.

❷

오이의 양 끝을 자르고
통에 담는다.

TIP 큰 통이 없을 땐 통 크기에 맞춰 반으로
잘라도 좋다!

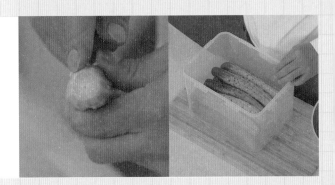

❸

물엿 4컵, 천일염 1컵, 식초 1컵 반,
소주 1컵 넣는다.

**셰프의
설명**
- 오이를 소금으로 문질러 씻으면 상처가 나 오이지가 무를 수 있다.
- 쓴맛이 나는 꼭지 부분을 잘라야 깔끔한 맛의 오이지가 완성된다.
- 물엿을 넣으면 수분이 빨리 나와 3일 만에 오이지가 완성된다.

만드는 법

쿈 오이지 비법

4

반나절에 한 번씩 3~4번 뒤집어
가며 실온에서 3일간 숙성시킨다.

1주일 후 오이지만 건져 통에 담아 TIP
냉장고 보관!

〈알토란〉표 특급 비법이면
골마지 걱정 없이 짜지 않고
맛있는 여름 필수 반찬
3일 숙성 오이지가
뚝딱 완성된다!

간단 요약! 한 장 레시피

1. 다다기오이 20개는 면포를 이용해 물에 부드럽게 씻은 후 물기를 제거한다.

2. 오이의 양 끝을 자르고 통에 담는다.

3. 물엿 4컵, 천일염 1컵, 식초 1컵 반, 소주 1컵 넣는다.

4. 반나절에 한 번씩 3~4번 뒤집어 가며 실온에서 3일간 숙성시킨다.

5. 1주일 후 오이지만 건져 통에 담아 냉장고에 보관한다.

🍴 오이볶음

여름의 아삭한 천연 보약 '오이'로 만든
고소한 밥도둑 오이볶음!
소고기의 고소한 풍미와 씹는 식감에
자꾸만 손이 가는 맛의 절정을 즐겨보자!

재료   오이 5개(1kg), 소고기 홍두깨살 200g, 홍고추 1개, 청양고추 3개, 꽃소금 3큰술, 식용유 1큰술 반,
다진 파 2큰술, 다진 마늘 1큰술

소고기 양념 재료: 다진 마늘 1큰술, 다진 파 2큰술, 진간장 1큰술, 설탕 1큰술, 깨소금 1큰술, 참기름 1큰술,
후춧가루 적당량

무침 양념 재료: 깨소금 1큰술, 참기름 1큰술

만드는 법

❶

오이 5개(1kg)는 양쪽 꼭지를
잘라내고 3~4cm 길이로 썬 뒤
오이를 세워 6등분하고
오이씨 부분을 제거한다.

❷

손질한 오이 5개(1kg)에
꽃소금 3큰술을 넣고
고루 섞어 30분간 절인다.

❸

절인 오이를 베보자기에 넣고
물기를 짠다.

셰프의 설명
• 소금물에 담가 오이를 절이면 오이의 맛까지 함께 빠지기 때문에 꽃소금을 뿌려 절인다.
• 절인 오이는 비틀지 않고 꼭 눌러 짜야 모양이 유지된다.

만드는 법

❹

살짝 얼린 홍두깨살 200g을
결 반대로 얇게 썰어 준 뒤 채 썬다.

TIP 지방이 적고 힘줄이 없는 부위!

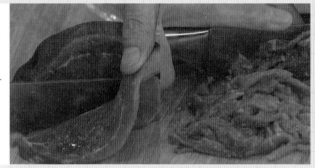

❺

다진 마늘 1큰술, 다진 파 2큰술,
진간장·설탕·깨소금·참기름
각 1큰술을 넣고 후춧가루 적당량을
넣어 양념장을 만든다.

❻

홍두깨살에 양념장을 넣어
밑간한다.

셰프의
설명
• 홍두깨살을 채 썰어서 넣어야 오이와 함께 젓가락으로 집어 먹기 편하다.
• 양념장을 따로 만들어 무치면 양념이 고루 밴다.

만드는 법

7

달군 팬에 식용유 1큰술 반을 넣고
절인 오이를 넣고 볶는다.

8

다진 파 2큰술, 다진 마늘 1큰술,
채 썬 홍고추 1개, 채 썬 청양고추
3개를 넣고 센 불에서
약 2분간 볶는다.

9

볶은 오이는 넓은 접시에 펼쳐
차갑게 식힌다.

**셰프의
설명** 볶은 오이를 차갑게 식혀야 금세 쉬지 않고 아작아작한 식감이 살아난다.

만드는 법

⑩

달군 팬에 밑간한 홍두깨살을 넣어
센 불에서 약 3분간 바짝 볶은 뒤
넓은 접시에 펼쳐 차갑게 식힌다.

⑪

차갑게 식힌 볶은 오이를 볼에 담고
깨소금 1큰술, 참기름 1큰술을 넣어
무친 다음 차갑게 식힌
볶은 소고기를 넣고 함께 무친다.

상큼한 오이에 고소한 소고기의
풍미까지 더해져
멈출 수 없는 마성의 맛.
오이볶음으로 여름 반찬 고민 해결!

셰프의
설명

• 소고기에 열기가 있을 때 버무리면 오이가 변색되고 빨리 상한다.
• 두 가지 이상의 재료를 섞을 때는 재료 각각 간을 맞춘 뒤 섞어야 맛이 겉돌지 않는다.

간단 요약! 한 장 레시피

1. 오이 5개(1kg)는 양쪽 꼭지를 잘라내고 3~4cm 길이로 썬 뒤 오이를 세워 6등분하고 오이씨 부분을 제거한다.

2. 손질한 오이 5개(1kg)에 꽃소금 3큰술을 넣고 고루 섞어 30분간 절인 후 베보자기에 넣고 물기를 짠다.

3. 살짝 얼린 홍두깨살 200g을 결 반대로 얇게 썰어 준 뒤 채 썬다.

4. 다진 마늘 1큰술, 다진 파 2큰술, 진간장·설탕·깨소금·참기름 각 1큰술을 넣고 후춧가루 적당량을 넣어 양념장을 만든다.

5. 홍두깨살에 양념장을 넣어 밑간한다.

6. 달군 팬에 식용유 1큰술 반을 넣고 절인 오이를 넣고 볶는다.

7. 다진 파 2큰술, 다진 마늘 1큰술, 채 썬 홍고추 1개, 채 썬 청양고추 3개를 넣고 센 불에서 약 2분간 볶은 오이는 넓은 접시에 펼쳐 차갑게 식힌다.

8. 달군 팬에 밑간한 홍두깨살을 넣어 센 불에서 약 3분간 바짝 볶은 뒤 넓은 접시에 펼쳐 차갑게 식힌다.

9. 차갑게 식힌 볶은 오이를 볼에 담고 깨소금 1큰술, 참기름 1큰술을 넣어 무친 다음 차갑게 식힌 볶은 소고기를 넣고 함께 무친다.

고추지

더울수록 더 맛있는 여름의 참맛!
나물 무침·볶음 요리·쌈장 등 활용도 만점의 우리 집 반찬 지킴이.
매콤하고 아삭한 고추지 쉽게 만드는 비법 대공개!

재료 청양고추 2kg, 끓는 물 6L, 천일염 4.5컵

맛의 한 수

① 고추지용 고추 고르는 법

· 만졌을 때 단단하고 살밥이 두꺼운 것이 좋다.
· 살밥이 두꺼운 고추로 담가야 잘 삭고 식감이 아삭하다.

② 꼭지를 2cm만 남겨 다듬고 바늘침을 놓아라!

· 꼭지를 다 따서 삭히면 쉽게 물러진다.
· 바늘침을 놓으면 양념이 잘 배고 쪼그라드는 걸 방지할 수 있다.

③ 소금물 온도를 60도로 맞춰라!

· 차가운 온도의 소금물 → 아삭한 식감이 없다.
· 뜨거운 온도의 소금물 → 고추 색이 누렇게 된다.
· 여름철에는 끓는 소금물을 실온에 10분 정도 두면 대략 60도 정도가 된다.

④ 고추지 보관법

· 1주일간 실온에 보관한다.
· 소금물만 따로 끓인 후 완전히 식혀 다시 붓는다.
· 2주일 더 실온에 보관한 후 냉장 보관한다.
· 소금물만 따로 끓이는 이유는 삭히는 과정에서 고추에서 나오는 수분 때문에
  낮아진 소금물 염도를 다시 맞추기 위한 과정이다.

만드는 법

❶

깨끗이 씻어 물기를 제거해 준비한
청양고추 2kg을 꼭지 2cm를 남겨
다듬고 포크를 이용해
고추 앞뒤로 바늘침을 놓는다.

❷

끓는 물 6L에 천일염 4.5컵을 넣고
소금이 녹을 때까지 끓인 뒤
10분간 식힌다.

❸

통에 손질한 고추를 담고 10분
식힌 소금물을 붓고 고추가 동동
뜨지 않도록 그릇으로 누른 다음
완전히 식혀 뚜껑을 닫고
그늘에서 보관한다.

**셰프의
설명**

• 매운 청양고추를 못 먹는 사람은 청양고추 5 : 풋고추 5 비율로 사용해도 좋다.

만드는 법

❹

1주일간 실온에 보관한 고추지는
소금물만 따로 끓인 후 완전히 식혀
다시 붓고 2주일 더 실온에
보관한 후 냉장 보관한다.

활용 만점 밥도둑!
〈알토란〉표 고추지로
든든한 우리 집 여름 밥상!

간단 요약! 한 장 레시피

1. 청양고추 2kg을 깨끗이 씻어 물기를 제거해 준비한다.

2. 청양고추 2kg은 꼭지 2cm를 남겨 다듬고 포크를 이용해 고추 앞뒤로 바늘침을 놓는다.

3. 끓는 물 6L에 천일염 4.5컵을 넣고 소금이 녹을 때까지 끓인 뒤 10분간 식힌다.

4. 통에 손질한 고추를 담고 10분 식힌 소금물을 붓고 고추가 동동 뜨지 않도록 그릇으로
   누른 다음 완전히 식혀 뚜껑을 닫고 그늘에서 보관한다.

5. 1주일간 실온에 보관한 고추지는 소금물만 따로 끓인 후 완전히 식혀 다시 붓고 2주일 더
   실온에 보관한 후 냉장 보관한다.

고추지다짐

〈알토란〉표 초간단 고추지를 더 맛있게 먹는 법!
어떤 요리와도 환상의 궁합을 이루는
화끈하고 감칠맛 폭발하는 고추지다짐을 배워보자!

재료

고추지 30~40개, 국물용 멸치 1컵

양념 재료: 들기름 3큰술, 멸치액젓 3큰술, 된장 2큰술, 다진 마늘 3큰술, 설탕 2~3큰술, 물 3큰술, 맛술 2큰술, 통깨 2큰술

만드는 법

❶

고추지 30~40개를 송송 썬다.

식감을 위해 너무 잘게 다지지 않도록 주의! TIP

❷

대가리·내장을 제거한 후 마른 팬에
볶은 국물용 멸치 1컵을
먹기 좋은 크기로 자른다.

❸

센 불로 달군 팬에 송송 썬 고추지와
먹기 좋게 자른 멸치를 넣고
양념 재료를 차례로 넣는다.

셰프의 설명
• 고추지를 믹서에 갈면 식감도 떨어지고 쓴맛이 날 수 있다.
• 양념 넣는 순서가 맛있는 고추지다짐의 포인트!

만드는 법

❹

들기름 3큰술, 멸치액젓 3큰술,
된장 2큰술을 넣고 볶아준다.

❺

다진 마늘 3큰술, 설탕 2~3큰술,
물 3큰술, 맛술 2큰술을 넣고 30초
정도 볶은 뒤 불을 끄고
통깨 2큰술을 넣어 마무리한다.

밥도둑 고추지를 활용한
최강 밥도둑 탄생!
어떤 요리든 찰떡궁합, 꿀맛 보장!
1년 내내 밥상 위 효자 반찬
고추지다짐 완성!

**셰프의
설명**
- 멸치액젓이 고추지에 스며들어 더욱 깊은 감칠맛이 난다.
- 양념을 넣어 함께 볶아주면 잡내가 날아가고 맛이 깔끔해진다.

완성

간단 요약! 한 장 레시피

1. 고추지 30~40개를 송송 썬다.

2. 대가리·내장을 제거한 후 마른 팬에 볶은 국물용 멸치 1컵을 먹기 좋은 크기로 자른다.

3. 센 불로 달군 팬에 송송 썬 고추지와 먹기 좋게 자른 멸치를 넣고 양념 재료를 차례로 넣는다.

4. 들기름 3큰술, 멸치액젓 3큰술, 된장 2큰술을 넣고 볶아준다.

5. 다진 마늘 3큰술, 설탕 2~3큰술, 물 3큰술, 맛술 2큰술을 넣고 30초 정도 볶은 뒤 불을 끄고 통깨 2큰술을 넣어 마무리한다.

전복장

먹는 순간 원기 완벽 충전!
집에서 더 저렴하고 간편하게 보양식을 즐겨보자.
달콤 짭조름한 절임장 속 오독오독 씹히는 전복의 맛이 예술!
〈알토란〉 표 전복장 맛의 한 수를 공개한다.

재료

전복 15개, 청주 1컵, 사이다 2컵

절임장 재료 : 물 8컵, 간장 3컵, 청주 1컵, 편 썬 감초 2조각, 건청양고추 4개, 양파 ⅓개(100g), 통마늘 약 10개(50g), 저민 생강 2개(10g), 대파 반 대(60g), 씨 제거한 사과 반 개(100g), 통후추 1큰술, 다시마 3장(10g, 5×5cm 크기), 매실액 6큰술

맛의 한 수

① 전복 손질하는 법

· 전복 표면의 사이사이를 깨끗한 솔로 문지르듯 닦는다.

② 전복을 쪄서 넣어라!

· 전복을 쪄서 넣으면 부드러운 식감은 살리고 숙성 시간을 단축할 수 있다.
· 생전복에 끓인 절임장 붓기 → 긴 숙성 시간
· 절임장에 전복 넣고 졸이기 → 질긴 식감

③ 절임장에 사이다를 넣어라!

· 사이다의 탄산이 전복을 부드럽게 만들어 절임장이 잘 밴다.

만드는 법

❶

솔로 문질러 씻은 전복 15개를 껍데
기째 찜기에 넣고 청주 반 컵을 전복
위에 뿌려 10분 찐 후 남은 청주 반
컵을 다시 뿌려 5분 더 찐다.
(*총 1컵 사용, 총 15분 찌기)

❷

15분 찐 전복을
접시에 옮겨 식힌다.

❸

냄비에 물 8컵, 간장 3컵, 청주 1컵,
편 썬 감초 2조각, 건청양고추 4개,
양파⅓개(100g),
통마늘 약 10개(50g)를 넣는다.

**셰프의
설명** ┆ • 전복을 껍데기째 요리하면 살이 질겨지거나 쪼그라들지 않는다.

만드는 법

❹
대파 반 대(60g), 저민 생강 2개(10g),
통후추 1큰술을 넣는다.

❺
씨 제거한 사과 반 개(100g),
다시마 3장(10g, 5×5cm 크기),
매실액 6큰술을 넣고
센 불에 끓어오르면 중불로 줄여서
총 30분간 끓인다.

❻
끓인 절임장을 체에 걸러
차게 식힌 후
사이다 2컵을 넣는다.

**셰프의
설명** • 절임장의 맛을 본 후 간장·매실액으로 간을 조절한다.

만드는 법

❼
밀폐 용기에 찐 전복과 식힌
절임장을 넣고
하루 동안 냉장 숙성한다.

초간단 보양식으로 으뜸인
전복장으로
무더위에 지친 원기를 회복하자!

간단 요약! 한 장 레시피

1. 솔로 문질러 씻은 전복 15개를 껍데기째 찜기에 넣고 청주 반 컵을 전복 위에 뿌려 10분 찐 후 남은 청주 반 컵을 다시 뿌려 5분 더 찐다. (*총 1컵 사용, 총 15분 찌기)

2. 15분 찐 전복을 접시에 옮겨 식힌다.

3. 냄비에 물 8컵, 간장 3컵, 청주 1컵, 편 썬 감초 2조각, 건청양고추 4개, 양파⅓개(100g), 통마늘 약 10개(50g), 대파 반 대(60g), 저민 생강 2개(10g), 통후추 1큰술, 씨 제거한 사과 반 개(100g), 다시마 3장(10g, 5×5cm 크기), 매실액 6큰술을 넣고 센 불에 끓어오르면 중불로 줄여서 총 30분간 끓인다.

4. 끓인 절임장을 체에 걸러 차게 식힌 후 사이다 2컵을 넣는다.

5. 밀폐 용기에 찐 전복과 식힌 절임장을 넣고 하루 동안 냉장 숙성한다.

갈치조림

집 나간 입맛을 찾아드립니다~
칼칼한 조림장 속 부드럽고 담백한 속살이
입안에서 살살 녹아내리는 그 맛!
부서짐 없이 깔끔한 갈치조림 비법을 배워보자!

재료
갈치 800g, 당근 1개 반(400g), 감자 2개(400g), 양파 1개 반(300g), 대파 1대 반(150g), 풋고추 100g, 홍고추 40g, 물 5컵

양념 재료: 고추장 6큰술, 맛술 6큰술, 다진 마늘 6큰술, 간장 1컵, 된장 2큰술, 굵은 고춧가루 2큰술, 설탕 2큰술, 고운 고춧가루 3큰술, 소주 3큰술, 참기름 3큰술, 다진 생강 2작은술, 깨소금 4큰술

만드는 법

❶

대가리·꼬리·내장·지느러미를
제거한 갈치 800g은 5~6토막 내서
자르고 칼등으로
비늘을 벗겨 씻는다.

❷

감자 2개(400g)와
당근 1개 반(400g)을
도톰하게 썰어 준비한다.

❸

볼에 고추장 6큰술, 간장 1컵,
된장 2큰술, 고운 고춧가루 3큰술,
굵은 고춧가루 2큰술을 넣는다.

**셰프의
설명**

• 배를 가르지 않고 내장을 빼야 살이 부서지는 것을 막는다.
• 당근과 감자를 냄비 바닥에 깔면 갈치가 타는 것을 방지하고 달콤한 맛을 낸다.
• 된장은 생선의 비린내를 잡고 깊고 구수한 맛을 낼 수 있다.

만드는 법

❹

다진 생강 2작은술, 설탕 2큰술,
참기름 3큰술, 깨소금 4큰술을 넣고
섞어 양념장을 만든다.

❺

냄비 바닥에 도톰하게 썬 당근·감자
각 400g을 깐 후 굵직하게 채 썬
양파 1개 반(300g)을 넣는다.

❻

반으로 갈라 3~4cm 길이로
썬 대파 1대 반(150g)을 넣고
손질한 갈치와 양념장을 넣는다.

셰프의 설명
• 채소를 깐 후 갈치를 올려야 양념이 잘 배고 살 부서짐을 막는다.

만드는 법

❼
어슷썰기한 풋고추 100g과
홍고추 40g과 물 5컵을 넣은 뒤
센 불에 20~30분간 끓인다.

부서지지 않아 깔끔하다!
칼칼한 국물이 쏙 밴
초여름 바다의 깊은 맛,
〈알토란〉 표 갈치조림 완성!

셰프의
설명
• 물의 양을 넉넉히 넣고 충분히 끓여야 맛이 잘 우러나와 깊은 맛이 난다.
• 뚜껑을 열고 조리면 비린내 제거와 조리 시간 단축에 좋다.

완성

간단 요약! 한 장 레시피

1. 대가리·꼬리·내장·지느러미를 제거한 갈치 800g은 5~6토막 내서 자르고 칼등으로 비늘을 벗겨 씻는다.
2. 감자 2개(400g)와 당근 1개 반(400g)을 도톰하게 썰어 준비한다.
3. 볼에 고추장 6큰술, 간장 1컵, 된장 2큰술, 고운 고춧가루 3큰술, 굵은 고춧가루 2큰술, 소주 3큰술, 맛술·다진 마늘 각 6큰술, 다진 생강 2작은술, 설탕 2큰술, 참기름 3큰술, 깨소금 4큰술을 넣고 섞어 양념장을 만든다.
4. 냄비 바닥에 도톰하게 썬 당근·감자 각 400g을 깐 후 굵직하게 채 썬 양파 1개 반(300g)을 넣는다.
5. 반으로 갈라 3~4cm 길이로 썬 대파 1대 반(150g)을 넣고 손질한 갈치와 양념장을 넣는다.
6. 어슷썰기한 풋고추 100g과 홍고추 40g과 물 5컵을 넣은 뒤 센 불에 20~30분간 끓인다.

여름 Special Part

복날 밥상

"삼복더위에는 입술에 묻은 밥알도 무겁다."
일 년 중 가장 무더운 시기, 삼복.

삼복(三伏)의 '복'은 엎드릴 복(伏) 자를 써
"여름의 뜨거운 기운에 가을의 서늘한 기운이 세 번 굴복한다"는
의미를 담고 있다.

한낮의 찜통더위에도 모자라 밤새 계속되는 열대야에
심신이 지쳐가는 삼복.
우리의 선조들은 보양식 한 그릇으로 삼복더위를 이겨냈다.

〈알토란〉 사계절 밥상 스페셜 레시피 첫 번째,
건강한 여름나기를 위한 '복날 밥상'을 통해
초복에서 말복까지 이어지는 삼복더위를 거뜬하게 이겨보자!

삼계탕

"복날 밥상" 첫 번째 음식은 초복 필수 보양식, 삼계탕!
상상 불가 비법 재료로 진한 국물 맛을 한층 더 끌어올린
〈알토란〉표 명품 삼계탕을 집에서도 맛있게 끓여보자!

재료

영계 2마리(마리당 약 700g), 소 힘줄 400g, 밤 2개, 대추 15개, 불린 찹쌀 2컵, 통마늘 1컵, 물 3L, 육수 팩,
소주 4큰술, 송송 썬 대파

육수 팩 재료: 황기 2뿌리, 대파 반 대, 저민 생강 5쪽, 남은 불린 찹쌀, 둥글레차 티백 4개

① 삼계탕용 닭 고르는 법

· 영계는 마리당 약 700g인 7호를 사용한다.
· 영계로 만들어야 깔끔하고 부드러운 식감이 있다.

② 닭 손질법

· 닭 날개 끝부분을 잘라내야 모양과 맛이 깔끔하다.
· 닭 목 부분을 제거하고 기름 덩어리를 제거한다.
· 잔털도 깔끔하게 제거하고 갈비뼈 사이사이를 흐르는 물로 씻는다.
· 누린내의 주범인 닭 꽁지도 제거한다.

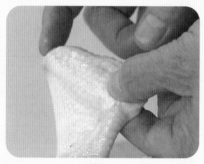

③ 둥글레차 티백과 소주를 넣어라!

· 둥글레차 티백을 넣으면 맑으면서 진한 삼계탕 국물 맛을 낸다.
· 소주는 닭과 소 힘줄의 비린내를 잡는 역할을 한다.

만드는 법

①

깨끗이 손질한 영계 2마리에 각
밤 1개와 대추 2개, 불린 찹쌀 4큰술,
통마늘 4개를 넣고 산적 꼬치로
껍질 부위를 바느질하듯 꿰맨다.

TIP 통마늘은 취향에 따라 가감

②

한입 크기로 썬 소 힘줄 400g을
끓는 물에 5분간 데쳐내
불순물을 제거한다.

③

끓는 물 3L에 데친 소 힘줄을 넣고
끓기 시작하면 중불로 줄여
1시간~1시간 30분 동안 물을
보충해가면서 육수를 끓인다.

TIP 완성 육수가 3L가 되도록 중간중간에 물
보충!

**셰프의
설명**
• 닭 속에 국물이 들어가야 찹쌀이 잘 익으므로 구멍을 다 막지 않는다.
• 닭 속에 찹쌀을 너무 많이 넣으면 익으면서 속이 터질 수 있다.
• 소 힘줄은 익는 시간이 오래 걸리고 두께에 따라 익는 시간이 다르다.

만드는 법

❹

육수 3L에 손질한 닭 2마리를
배가 아래로 향하게 넣고 육수 팩에
황기 2뿌리, 대파 반 대, 저민 생강 5
쪽, 남은 불린 찹쌀, 둥글레차 티백 4
개를 넣어 냄비에 함께 넣는다.

❺

소주 4큰술을 넣고
센 불에서 30분간 끓인다.

❻

남은 통마늘과 대추를 넣고
끓이다가 닭이 다 익으면
육수 팩은 건진다.

만드는 법

7

잘 익은 닭을 한 마리씩 뚝배기에
옮겨 담은 후 소 힘줄·마늘·대추를
국물과 함께 옮겨 담아 끓인 다음
송송 썬 대파를 넣어 완성한다.

TIP 옮겨 담기 전 산적 꼬치 빼기!

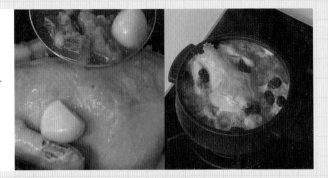

차원이 다른 국물 맛!
비법 재료로 구수하고
진한 국물 맛을 자랑하는
초복 필수 보양식 삼계탕 완성!

완성

간단 요약! 한 장 레시피

1. 깨끗이 손질한 영계 2마리에 각 밤 1개와 대추 2개, 불린 찹쌀 4큰술, 통마늘 4개를 넣고 산적 꼬치로 껍질 부위를 바느질하듯 꿰맨다.

   (*통마늘은 취향에 따라 가감)

2. 한입 크기로 썬 소 힘줄 400g을 끓는 물에 5분간 데쳐내 불순물을 제거한다.

3. 끓는 물 3L에 데친 소 힘줄을 넣고 끓기 시작하면 중불로 줄여 1시간~1시간 30분 동안 물을 보충해가면서 육수를 끓인다.

4. 육수 3L에 손질한 닭 2마리를 배가 아래로 향하게 넣고 육수 팩에 황기 2뿌리, 대파 반 대, 저민 생강 5쪽, 남은 불린 찹쌀, 둥글레차 티백 4개를 넣고 냄비에 넣은 뒤 소주 4큰술을 넣은 다음 센 불에서 30분간 끓인다.

5. 남은 통마늘과 대추를 넣고 끓이다가 닭이 다 익으면 육수 팩을 건진다.

6. 잘 익은 닭을 한 마리씩 뚝배기에 옮겨 담은 후 소 힘줄·마늘·대추를 국물과 함께 옮겨 담아 끓인 다음 송송 썬 대파를 넣어 완성한다.

서리태콩국수

가만히 있어도 등줄기에 땀이 흘러내리는 무더운 여름.
뼛속까지 시원하게 해줄 "복날 밥상" 두 번째 요리!
고소함의 진수, 영양 만점 서리태 콩국수로 더위를 날려보자!

재료
서리태 2컵, 흑임자 5큰술, 소금 1큰술, 설탕 3큰술, 중면, 물

맛의 한 수

① 불릴 때는 서리태 양의 4배의 물을 넣어라!

· 물의 양이 적으면 잘 불어나지 않아 특유의 비린 맛이 날 수 있다.
· 물의 양이 많으면 맛과 영양이 빠져 고소한 맛이 덜하다.
· 여름 → 4시간, 겨울 → 10~12시간 불린다.
· 서리태를 오래 불리면 단백질이 손실되고 여름철에는 쉽게 상한다.
· 서리태를 불린 후 눌렀을 때 반으로 쪼개지면 OK.

② 삶을 때는 서리태 양의 6배의 물을 넣어라!

· 물의 대류 현상으로 서리태가 골고루 잘 익고 맛과 영양을 지킬 수 있다.
· 모든 콩은 10분 이하로 삶으면 비린내가 나고, 15분 이상 삶으면 메주 냄새가
  난다.

③ 갈 때는 서리태 양의 5배의 물을 넣어라!

· 두 번에 걸쳐 물의 양을 반씩 넣어 갈면 더욱 진하고 부드러운 서리태 콩물이
  완성된다.
· 완성된 서리태 콩물은 냉장고에 넣어 차갑게 만들어 먹는다.

④ 면 예쁘게 담는 비법!

· 손가락에 돌돌 만 후 반으로 접어 물기를 짠 후 담는다.

만드는 법

❶

깨끗이 씻은 서리태 2컵에
물 8컵을 붓고 4시간 불린다.

❷

냄비에 불린 서리태를 넣고
물 12컵을 붓고 끓기 시작한 후
10~15분 이내로 삶아 찬물에
헹궈 잔열을 식힌 뒤 체에 밭쳐
물기를 뺀다.

❸

1차로 믹서에 삶은 서리태,
흑임자 5큰술, 물 10컵 중 먼저
물 5컵을 넣고 소금 1큰술과
설탕 3큰술을 넣고 곱게 간 뒤
체에 거른다.

**셰프의
설명**

• 서리태는 찬물부터 삶아야 골고루 잘 익는다.
• 서리태를 갈 때 미리 소금과 설탕을 넣으면 잘 녹아 간 맞추기가 쉽다.

만드는 법

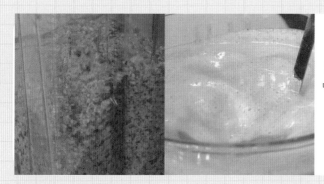

④

2차로 체에 걸러낸 서리태를 다시
믹서에 넣은 뒤 남은 물 5컵을 넣고
곱게 갈아 체에 거른다.

⑤

끓는 물에 중면 1인분을 넣고 끓어
오를 때마다 찬물 반 컵씩 총 3번을
넣어 삶은 뒤 찬물에 깨끗이 헹군다.

물이 끓고 나서부터 3분 정도가 적당! TIP

⑥

그릇에 면을 담고 서리태 콩물을
부은 뒤 고명을 올려 완성한다.

**셰프의
설명**
· 서리태 콩국수는 얇은 소면보다 두꺼운 중면이 더 맛있다.
· 중면을 집어서 집게손가락이 엄지손가락 첫마디에 닿으면 1인분 적정량!
· 중면을 삶을 때 찬물을 넣으면 온도 차로 면발이 쫄깃해진다.
· 면의 전분기를 충분히 헹궈야 면발이 붇지 않고 국물 맛이 깔끔하다.

완성

맛과 영양을 모두 살린
고소하고 시원한
여름날 별미 중의 별미!
서리태콩국수로 시원한 복날 나기!

간단 요약! 한 장 레시피

1. 깨끗이 씻은 서리태 2컵에 물 8컵을 붓고 4시간 불린다.

2. 냄비에 불린 서리태를 넣고 물 12컵을 붓고 끓기 시작한 후 10~15분 이내로 삶아 찬물에
   헹궈 잔열을 식힌 뒤 체에 밭쳐 물기를 뺀다.

3. 1차로 믹서에 삶은 서리태, 흑임자 5큰술, 물 10컵 중 먼저 물 5컵을 넣고 소금 1큰술과
   설탕 3큰술을 넣고 곱게 간 뒤 체에 거른다.

4. 2차로 체에 걸러낸 서리태를 다시 믹서에 넣은 뒤 남은 물 5컵을 넣고 곱게 갈아 체에
   거른다.

5. 끓는 물에 중면 1인분을 넣고 끓어오를 때마다 찬물 반 컵씩 총 3번을 넣어 삶은 뒤 찬물에
   깨끗이 헹군다.

6. 그릇에 면을 담고 서리태 콩물을 부은 뒤 고명을 올려 완성한다.

닭볶음탕

무더위 이기는 "복날 밥상" 세 번째.
상상 초월! 특급 비법으로 차원이 다른 쫄깃함과 감칠맛을 자랑하는
〈알토란〉 표 닭볶음탕으로 우리 가족 건강을 챙겨보자!

재료

토막 닭 1마리(1kg), 닭 모래주머니 20개, 양송이 10개, 다시마 20장(3×3cm), 꽈리고추 20개, 천일염 2큰술, 채소 국물, 들기름 3큰술, 다진 마늘 7큰술, 소주 4큰술, 조청 3큰술, 고운 고춧가루 7큰술, 꽃소금 1큰술

채소 국물 재료: 생강 10g(1개), 씨 제거한 사과 200g(1개), 무 200g(¼개), 양파 200g(1개), 물 3컵

만드는 법

①

닭 모래주머니 20개를 넓은 볼에
넣고 천일염 2큰술을 넣어
바락바락 주물러 준 다음
물에 깨끗이 헹구고 물기를 꼭 짠다.

②

끓는 물에 토막 닭 1마리(1kg)와
손질한 닭 모래주머니를 넣고
2분간 데친 뒤 찬물에 헹궈
체에 밭쳐 물기를 뺀다.

③

믹서에 생강 10g(1개), 씨 제거한
사과 200g(1개), 무 200g(¼개),
양파 200g(1개), 물 3컵을 넣어
갈아 준 후 면포에 걸러
채소 국물을 만든다.

**셰프의
설명** · 닭 모래주머니의 노란 기름과 힘줄을 제거한 후 깨끗이 씻어 준비한다.

만드는 법

④

팬에 손질한 닭과 닭 모래주머니를
넣고 센 불로 켠 다음 들기름 3큰술,
다진 마늘 7큰술을 넣은 후 볶다가
소주 4큰술을 넣는다.

들기름은 참기름으로 대체 가능 **TIP**

⑤

채소 국물 3컵과 물 3컵을 넣고
센 불에서 15~20분간 국물이
반으로 줄 때까지 끓인다.

⑥

국물이 반으로 줄어들면
양송이 10개를 통째로 넣고
다시마 20장(3×3cm),
조청 3큰술을 넣는다.

**셰프의
설명**
• 식용유 사용 시에는 팬을 달군 후 재료를 넣고, 타기 쉬운 들기름 사용 시에는 재료를 넣고 불을 켠 후
들기름을 넣는다.

만드는 법

❼
고운 고춧가루 7큰술,
꽃소금 1큰술을 넣어 양념한 후
파리고추 20개를 넣고 마무리한다.

TIP 소금은 입맛에 맞춰 가감

쫄깃한 식감과 깔끔한 국물까지!
〈알토란〉표 닭볶음탕으로
밥 한 공기 뚝딱!

완성

간단 요약! 한 장 레시피

1. 닭 모래주머니 20개를 넓은 볼에 넣고 천일염 2큰술을 넣어 바락바락 주물러 준 다음 물에 깨끗이 헹구고 물기를 꼭 짠다.

2. 끓는 물에 토막 닭 1마리(1kg)와 손질한 닭 모래주머니를 넣고 2분간 데친 뒤 찬물에 헹궈 체에 밭쳐 물기를 뺀다.

3. 믹서에 생강 10g(1개), 씨 제거한 사과 200g(1개), 무 200g(¼개), 양파 200g(1개), 물 3컵을 넣어 갈아 준 후 면포에 걸러 채소 국물을 만든다.

4. 팬에 손질한 닭과 닭 모래주머니를 넣고 센 불로 켠 다음 들기름 3큰술, 다진 마늘 7큰술을 넣은 후 볶다가 소주 4큰술을 넣는다.

5. 채소 국물 3컵과 물 3컵을 넣고 센 불에서 15~20분간 국물이 반으로 줄 때까지 끓인다.

6. 국물이 반으로 줄어들면 양송이 10개를 통째로 넣고 다시마 20장(3×3cm), 조청 3큰술, 고운 고춧가루 7큰술, 꽃소금 1큰술을 넣어 양념한 후 꽈리고추 20개를 넣고 마무리한다.

PART 03

가을秋 밥상

사계(四季)를 먹다.
그 세 번째, 가을.

산과 들 그리고 바다에 넘쳐나는 먹거리로
풍요로움이 가득한 천고마비의 계절.

뜨거운 태양 아래 알차게 여문 제철 열매로 만든 요리는 물론
힘찬 바다 기운으로 살아 숨 쉬는 제철 해산물 요리까지
풍성한 가을 제철 먹거리로 차리는 건강한 밥상.

여름 폭염에 축 난 체력을 보강하고
겨울 혹한을 대비해 몸의 에너지를 비축해야 하는 이 때,
든든한 〈알토란〉 표 가을 밥상을 통해
우리 가족의 가을 건강을 챙겨보자!

낙지장

쓰러진 소도 벌떡 일으킨다는 활력의 제왕, 낙지!
간장게장도 울고 갈 가을 바다의 진미,
〈알토란〉 표 초간단 낙지장에 도전해보자!

재료

대(大) 낙지 8마리, 간장 2컵 반, 물 1컵 반, 설탕 반 컵, 소주 반 컵, 콜라 반 컵, 맛술 5큰술, 다진 마늘 1큰술,
다진 생강 1큰술, 월계수 잎 2장, 청양고추 4개, 홍고추 4개

낙지 손질 재료: 밀가루 3큰술, 소금 1큰술

좋은 낙지 고르는 법

① 눈이 톡 튀어나온 것   ② 이물감이 없는 것   ③ 빨판이 딱딱한 것
④ 붉은빛이 없고 하얀 것(붉은빛의 낙지는 오래되어 신선하지 않음)

낙지 손질법

① 낙지 머리에 손가락을 넣어 뒤집어서 내장을 분
   리한다.

② 낙지 눈의 위아래로 칼집을 넣어 제거한다.

③ 낙지에 밀가루 3큰술, 소금 1큰술을 넣고 힘껏 치
   댄다.

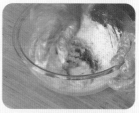

④ 다리를 훑어가며 찬물에 여러 번 헹군다.

맛의 한 수

① 대(大) 낙지를 사용하라!

 · 탱글탱글한 식감이 좋다.
 · 전골용 → 중(中) 낙지 사용

② 낙지는 살짝 데친 후 사용해라!

 · 낙지를 데쳐야 보관 기간이 늘어나고 간이 속까지 잘 밴다.
 · 낙지·소라·전복·주꾸미·키조개 등 해산물로 장을 담글 땐 데친 후 사용해야 좋다.

③ 간장물에 콜라를 넣어라!

 · 콜라에 탄산이 있어 낙지에 간이 잘 밴다.
 · 숙성 기간을 단축하는 효과가 있다.
 · 콜라 대신 사이다 또는 탄산수도 사용 가능하다.

만드는 법

❶
끓는 물에 손질한 대(大) 낙지
8마리를 넣어 약 1분간 데친 후
찬물에 담가 식힌 다음 체에 밭쳐
물기를 완전히 제거한다.

❷
볼에 간장 2컵 반, 물 1컵 반,
설탕·소주 각 반 컵, 맛술 5큰술,
월계수 잎 2장을 넣는다.

❸
다진 마늘·다진 생강 각 1큰술을
넣은 육수 팩을 간장물에 넣은 후
콜라 반 컵을 넣고 섞는다.

**셰프의
설명**
• 데친 낙지의 물기를 완전히 빼야 보관 기간이 늘어난다.
• 소주는 비린내를 제거하고, 맛술은 비린내 제거 및 단맛을 더해준다.

만드는 법

④

한입 크기로 썬
청양고추와 홍고추
각 4개를 넣는다.

⑤

밀폐 용기에 손질한 낙지를 넣고
간장물을 부어준 다음 냉장고에서
2시간 이상 숙성시킨다.

TIP 가장 맛있는 숙성 시간? 하루!

탱글탱글한 식감이 예술인
마성의 밥도둑 낙지장으로
온 가족 기력을 올려보자!

완성

간단 요약! 한 장 레시피

1. 대(大) 낙지 8마리의 머리 부분에 손가락을 넣고 뒤집어 먹물이 터지지 않도록 먹통과 내장을 빼낸다.
2. 볼에 손질한 낙지 8마리를 넣고 밀가루 3큰술과 소금 1큰술을 넣어 3분간 치댄 후 물을 부어 서너 번 헹군다.
3. 끓는 물에 손질한 낙지 8마리를 넣어 약 1분간 데친 후 찬물에 담가 식힌 다음 체에 밭쳐 물기를 완전히 제거한다.
4. 볼에 간장 2컵 반, 물 1컵 반, 설탕·소주 각 반 컵, 맛술 5큰술, 월계수 잎 2장을 넣고 다진 마늘·다진 생강 각 1큰술을 넣은 육수 팩을 함께 넣은 후 콜라 반 컵을 넣고 섞는다.
5. 한입 크기로 썬 청양고추와 홍고추 각 4개를 넣는다.
6. 밀폐 용기에 손질한 낙지를 넣고 간장물을 부어준 다음 냉장고에서 2시간 이상 숙성시킨다.

낙지볶음

새빨간 양념 속 탱글탱글 톡!톡! 터지는 낙지의 식감이 일품!
천하일미 가을 밥도둑, 낙지볶음으로
잃어버린 입맛을 살려보자!

재료

중(中) 낙지 2마리, 대파 한 대, 양파 반 개, 청양고추 2개, 미나리 8줄기, 애호박 ⅓토막, 식용유 4큰술, 참기름 1큰술, 통깨 조금

낙지 손질 재료: 밀가루 3큰술, 소금 1큰술, 무즙 3큰술

양념 재료: 중간 고춧가루 4큰술, 고추장 1큰술, 황설탕 2큰술 반~3큰술, 간장 2큰술, 다진 마늘 1큰술 반, 다진 생강 반 큰술, 맛술 3큰술, 연겨자 1큰술

맛의 한 수

① 밀가루와 소금을 넣고 치대라!

· 밀가루에 치대면 뻘과 이물질이 흡착되어 헹굴 때 쉽게 제거된다.

· 소금을 넣고 치대면 낙지 밑간 효과 역할을 한다.

· 냉동 낙지를 밀가루와 소금에 10분 이상 치대면 식감이 살아난다.

· 싱싱한 제철 낙지는 3분간 치댄다.

② 무즙을 넣고 데쳐라!

· 무즙을 넣으면 식감이 부드러워지고 낙지 빛깔이 살아난다.

· 짧은 시간 데치기 위해서 무를 썰어 넣는 것보다 무즙을 넣어야 효과적이다.

· 낙지뿐 아니라 해산물을 삶고 데칠 때 무즙을 활용하면 좋다

③ 연겨자를 넣어라!

· 연겨자를 넣으면 깔끔하고 개운한 맛을 살릴 수 있다.

④ 낙지는 30초만 살짝 볶아라!

· 낙지는 오래 볶을수록 질겨지므로 30초 정도 살짝 볶아야 부드럽고 쫄깃한 식감을 즐길 수 있다.

· 오래 볶으면 낙지에서 수분이 나와 양념이 묽어진다.

만드는 법

❶

중(中) 낙지 2마리의 머리 부분에
손가락을 넣고 뒤집어 먹물이
터지지 않도록 먹통과 내장을
빼낸다.

❷

볼에 손질한 중 낙지 2마리를 넣고
밀가루 3큰술과 소금 1큰술을 넣어
3분간 치댄 후 물을 부어
서너 번 헹군다.

❸

냄비에 물 3컵을 붓고 센 불에
끓인 후 소금 1큰술, 무즙 3큰술을
넣고 손질한 중 낙지 2마리를 넣어
30초간 데친 후 찬물에 바로 담가
2분간 식힌다.

셰프의
설명

• 낙지를 살짝 데치면 볶을 때 수분이 생기는 것을 방지한다.
• 물에 소금을 넣고 데치면 낙지에 밑간이 밴다.
• 데친 후 바로 찬물에 식히지 않으면 잔열로 수분이 빠지면서 질겨진다.

만드는 법

④

식힌 중 낙지 2마리의 눈과 입을
제거하고 5~6cm 길이로 썰어 체에
밭쳐 물기를 제거한다.

⑤

센 불에 달군 팬에
식용유 4큰술과 송송 썬
대파 반 대를 넣고 볶는다.

⑥

다진 마늘 1큰술, 다진 생강
반 큰술을 넣고 간장 2큰술을
팬에 둘러 불맛을 낸 후 불을 끈다.

만드는 법

⑦

불을 끈 상태에서
중간 고춧가루 4큰술,
고추장 1큰술을 넣는다.

⑧

연겨자 1큰술, 황설탕 2큰술 반~
3큰술, 맛술 3큰술을 넣고 섞어
양념장을 완성한다.

TIP 황설탕은 취향에 따라 가감

⑨

완성된 양념장에 길쭉하게 썬
남은 대파 반 대, 잘게 채 썬
양파 반 개, 씨 제거 후 얇게 썬
애호박 ⅓개를 넣은 뒤 센 불로 켠다.

**셰프의
설명**
• 낙지볶음 양념장 비율 = 간장 2 : 고추장 1 : 고춧가루 4
• 맛술을 넣으면 잡내 제거와 은은한 단맛을 내는 역할을 한다.

만드는 법

⑩

채소를 넣고 양념장이
끓기 시작하면 1분간 더 볶아준 뒤
손질한 낙지 2마리를 넣고
센 불에 30초간 볶는다.

⑪

어슷썰기한 청양고추 2개,
6cm 길이로 썬 미나리 8줄기,
통깨 반 큰술을 넣고 불을 끈 후
참기름 1큰술을 넣고 섞는다.

제철 영양 듬뿍 담은 탱글탱글한
낙지와 매콤한 양념으로 제대로
맛을 살린
〈알토란〉표 낙지볶음!

**셰프의
설명**
• 미나리는 마지막에 넣어 맛과 향을 살린다.
• 낙지는 한 번 데쳤기 때문에 30초만 살짝 볶아줘야 식감이 좋다

완성

간단 요약! 한 장 레시피

1. 중(中) 낙지 2마리의 머리 부분에 손가락을 넣고 뒤집어 먹물이 터지지 않도록 먹통과 내장을 빼낸다.

2. 볼에 손질한 중 낙지 2마리를 넣고 밀가루 3큰술과 소금 1큰술을 넣어 3분간 치댄 후 물을 부어 서너 번 헹군다.

3. 냄비에 물 3컵을 붓고 센 불에 끓인 후 소금 1큰술, 무즙 3큰술을 넣고 중 낙지 2마리를 넣어 30초간 데친 후 찬물에 바로 담가 2분간 식힌다.

4. 식힌 중 낙지 2마리의 눈과 입을 제거하고 5~6cm 길이로 썰어 체에 밭쳐 물기를 제거한다.

5. 센 불에 달군 팬에 식용유 4큰술과 송송 썬 대파 반 대를 넣고 볶는다.

6. 다진 마늘 1큰술, 다진 생강 반 큰술을 넣고 간장 2큰술을 팬에 둘러 불맛을 낸 후 불을 끈다.

7. 불을 끈 상태에서 중간 고춧가루 4큰술, 고추장 1큰술, 연겨자 1큰술, 황설탕 2큰술 반~3큰술, 맛술 3큰술을 넣고 섞어 양념장을 완성한다. (*황설탕은 취향에 따라 가감)

8. 완성된 양념장에 길쭉하게 썬 남은 대파 반 대, 잘게 채 썬 양파 반 개, 씨 제거 후 얇게 썬 애호박 ⅓개를 넣은 뒤 센 불로 켠다.

9. 채소를 넣고 양념장이 끓기 시작하면 1분간 더 볶아준 뒤 손질한 중 낙지 2마리를 넣고 센 불에 30초간 볶는다.

10. 어슷썰기한 청양고추 2개, 6cm 길이로 썬 미나리 8줄기, 통깨 반 큰술을 넣고 불을 끈 후 참기름 1큰술을 넣고 섞는다.

우엉조림

단짠단짠한 맛으로 입맛을 돋우는 가을 제철 반찬, 우엉조림.
특유의 아린 맛은 싹 잡고 아삭한 식감과 먹음직한 색감은
제대로 살린 〈알토란〉 표 우엉조림 비법을 배워보자!

재료

우엉 600g, 물 1컵 반(300mL), 진간장 5큰술(50g), 맛술 5큰술(50g), 식용유 1큰술, 설탕 4큰술(40g),
커피가루 1작은술, 물엿 반 컵(120g), 청양고추 1개, 통생강 1알, 참기름 2큰술

우엉 손질 재료: 소금 2큰술, 식초 1큰술

① 좋은 우엉 고르는 법

- 100원~500원 동전 굵기인 것(지름 2cm 정도)
- 겉에 잔뿌리가 없는 것
- 흠 없이 매끈한 것
- 끝부분에 틈이 없는 것

② 우엉 껍질 벗기는 법

- 물에 깨끗이 씻은 후 칼등으로 살살 벗겨낸다.
- 양파망으로 살살 문질러 제거한다.

③ 설탕 1 : 물엿 3 황금 비율!

- 물엿은 졸이면 타거나 딱딱해지므로 나중에 넣는다.

④ 커피가루를 넣어라!

- 우엉조림의 색감을 더 진하게 만들어 주고 우엉 특유의 향을 잡아준다.
- 커피가루는 오랜 시간 졸여서 날 수 있는 간장 냄새를 제거한다.

만드는 법

❶

껍질 벗긴 우엉 600g은 어슷하게
채 썰거나, 채칼을 이용해 채 썰어
갈변을 막기 위해
바로 찬물에 담근다.

❷

물에 담근 채 썬 우엉 600g을
3~4번 씻는다.

❸

끓는 물에 식초 1큰술, 소금 2큰술을
넣은 후 채 썬 우엉 600g을 넣고
3분간 데친 뒤 건진다.

셰프의 설명 : • 우엉을 미리 데치면 갈변을 멈추고 조리시간이 단축된다.

173

만드는 법

❹
냄비에 물 1컵 반(300mL),
진간장 5큰술(50g), 맛술 5큰술(50g),
식용유 1큰술을 넣는다.

❺
설탕 4큰술(40g)을 넣고 센 불로
켠 다음 물기 뺀 우엉 600g,
커피가루 1작은술을 넣는다.

❻
청양고추 1개와 통생강 1알을
편으로 썰어 넣는다.

> **셰프의**
> **설명**
> • 맛술은 잡내를 없애고 음식의 단맛과 윤기를 더한다.
> • 청양고추와 통생강은 우엉 특유의 잡내를 제거한다.

만드는 법

❼
양념장이 ⅓ 정도 남았을 때
물엿 반 컵(120g)을 넣고
7~8분간 졸인다.

물엿은 취향에 따라 가감! TIP

❽
불을 끄고 참기름 2큰술을 넣어
마무리한다.

땅의 기운을 가득 담은
우엉으로 만든
최고의 건강 반찬, 우엉조림 완성!

**셰프의
설명** ┃ • 처음부터 끝까지 계속 센 불로 졸여 양념장이 거의 사라지면 완성!

완성

간단 요약! 한 장 레시피

1. 껍질 벗긴 우엉 600g은 어슷하게 채 썰거나, 채칼을 이용해 채 썰어 갈변을 막기 위해 바로 찬물에 담근다.

2. 물에 담근 채 썬 우엉 600g을 3~4번 씻는다.

3. 끓는 물에 식초 1큰술, 소금 2큰술을 넣은 후 채 썬 우엉 600g을 넣고 3분간 데친 뒤 건진다.

4. 냄비에 물 1컵 반(300mL), 진간장 5큰술(50g), 맛술 5큰술(50g), 식용유 1큰술, 설탕 4큰술(40g)을 넣고 센 불로 켠 다음 물기 뺀 우엉 600g, 커피가루 1작은술을 넣는다.

5. 청양고추 1개와 통생강 1알을 편으로 썰어 넣는다.

6. 양념장이 ⅓ 정도 남았을 때 물엿 반 컵(120g)을 넣고 7~8분간 졸인다.
   (*물엿은 취향에 따라 가감)

7. 불을 끄고 참기름 2큰술을 넣어 마무리한다.

우엉불고기

맛있는 우엉조림만 있다면 일품요리가 뚝딱!
우엉조림을 활용해 5분 만에 만드는
초간단 우엉불고기 비법이 공개된다!

재료

우엉조림 100~150g, 시금치 1줌, 당근 한 토막(5cm), 불고기용 돼지고기 목살 200g

돼지고기 양념 재료: 다진 마늘 반 큰술, 다진 파 1큰술, 배즙 3큰술, 소금 반 큰술, 설탕 2큰술, 맛술 2큰술,
참기름 2큰술, 후춧가루 2꼬집, 깨소금 2큰술

만드는 법

①

불고기용 돼지고기 목살 200g을
약 5cm로 자른 후 냄비에 넣는다.

②

다진 마늘 반 큰술, 다진 파 1큰술,
후춧가루 2꼬집,
배즙 3큰술을 넣는다.

③

소금 반 큰술, 설탕 2큰술,
맛술 2큰술을 넣고
센 불에 볶는다.

**셰프의
설명**

• 우엉조림에 이미 간이 배어있으므로 양념에 간장을 따로 넣을 필요가 없다.

만드는 법

❹

고기 핏기가 사라질 때쯤
채 썬 당근 한 토막(5cm)과
손질한 시금치 1줌을 넣는다.

❺

시금치 숨이 죽으면 참기름 2큰술,
깨소금 2큰술을 넣는다.

❻

우엉조림 100~150g을 넣고
살짝 볶아 마무리한다.

취향에 맞게 양 조절 가능 TIP

완성

우엉조림으로 맛깔나게 변신한
풍미 작렬 불고기의 신세계,
〈알토란〉표 우엉불고기 완성!

간단 요약! 한 장 레시피

1. 불고기용 돼지고기 목살 200g을 약 5cm로 자른 후 냄비에 넣는다.

2. 다진 마늘 반 큰술, 다진 파 1큰술, 후춧가루 2꼬집, 배즙 3큰술, 소금 반 큰술, 설탕 2큰술,
   맛술 2큰술을 넣고 센 불에 볶는다.

3. 고기 핏기가 사라질 때쯤 채 썬 당근 한 토막(5cm)과 손질한 시금치 1줌을 넣는다.

4. 시금치 숨이 죽으면 참기름 2큰술, 깨소금 2큰술을 넣는다.

5. 우엉조림 100~150g을 넣고 살짝 볶아 마무리한다.

🍽 연근조림

쫀득쫀득한 식감으로 남녀노소 누구나 좋아하는
가을 밥상 최고의 밥도둑, 연근조림!
맛과 영양을 2배로 올리는 〈알토란〉 표 연근조림을 배워보자!

재료 연근 500g, 식초 3큰술, 물 10컵, 소금 1큰술, 볶은 땅콩 200g, 물 1컵, 조청 1컵, 맛술 1컵, 진간장 5큰술,
통마늘 10개, 홍고추 2개, 참기름 2큰술, 통깨 2큰술

맛의 한 수

① 좋은 연근 고르는 법

· 들었을 때 묵직한 것이 좋다.

· 연근 끝부분에 큰 구멍이 있으면 바람이 들거나 수분이 말라 좋지 않다.

· 잘랐을 때 속이 하얗고 구멍의 크기가 들쑥날쑥하지 않고 고르며, 과육이 부드러운 것이 좋다.

· 연근조림용 연근은 암연근이 단맛이 강하고 부드러워 좋다.

암연근: 짧고 두툼한 모양, 쫀득한 식감, 조림용으로 적합

수연근 : 얇고 길쭉한 모양, 아삭한 식감, 샐러드나 튀김용으로 적합

② 연근을 푹 삶아라!

· 연근을 먼저 삶으면 서걱거리지 않고 쫀득한 식감을 낼 수 있다.

· 바로 조릴 경우 연근이 익기도 전에 조림장이 타기 일쑤이다.

③ 볶은 땅콩을 껍질째 사용해라!

· 땅콩이 조림장을 잘 흡수하고 알맹이가 분리되지 않는다.

· 연근조림의 고소한 맛을 극대화해준다.

· 땅콩을 데치면 껍질에서 나는 떫은맛이 제거되고, 껍질이 분리되는 것을 방지한다.

만드는 법

❶

연근 500g을 0.5cm 두께로 얇게
썰어 식초 3큰술을 푼 물 10컵에
1~2분간 담가 둔다.

❷

끓는 물에 소금 1큰술을 넣고
손질한 연근을 넣어 30분간 삶은 후
냉수에 헹군 다음 체에 밭쳐
물기를 제거한다.

❸

끓는 물에 볶은 땅콩 200g을
5초간 살짝 데친 후 냉수에 헹궈
체에 밭쳐 물기를 제거한다.

**셰프의
설명** · 식초 물은 연근의 갈변 현상을 막는 역할을 한다.

만드는 법

④
팬에 물 1컵을 넣고
센 불로 켠 다음 맛술 1컵, 조청 1컵,
진간장 5큰술을 넣고 섞은 뒤
조림장을 끓여준다.

⑤
조림장이 끓으면
삶은 연근 500g과
데친 땅콩 200g을 넣고
15분간 졸인다.

⑥
반으로 자른 통마늘 10개와
씨 제거 후 송송 썬 홍고추 2개,
참기름 2큰술, 통깨 2큰술을 넣고
섞어 완성한다.

완성

쫀득하고 고소한 완벽한 맛의 궁합
감칠맛 가득한 연근조림 완성!

간단 요약! 한 장 레시피

1. 연근 500g을 0.5cm 두께로 얇게 썰어 식초 3큰술을 푼 물 10컵에 1~2분간 담가 둔다.

2. 끓는 물에 소금 1큰술을 넣고 손질한 연근을 넣어 30분간 삶은 후 냉수에 헹군 다음 체에 받쳐 물기를 제거한다.

3. 끓는 물에 볶은 땅콩 200g을 5초간 살짝 데친 후 냉수에 헹궈 체에 받쳐 물기를 제거한다.

4. 팬에 물 1컵을 넣고 센 불로 켠 다음 맛술 1컵, 조청 1컵, 진간장 5큰술을 넣고 섞은 뒤 조림장을 끓여준다.

5. 조림장이 끓으면 삶은 연근 500g과 데친 땅콩 200g을 넣고 15분간 졸인다.

6. 반으로 자른 통마늘 10개와 씨 제거 후 송송 썬 홍고추 2개, 참기름 2큰술, 통깨 2큰술을 넣고 섞어 완성한다.

묵사발

가을이면 어김없이 생각나는 별미, 도토리묵.
도토리묵으로 만드는 든든한 한 끼!
시원하고 개운한 맛이 일품인 묵사발로 가을의 맛을 즐겨보자!

재료

도토리묵 1모, 참기름 조금, 다진 신김치 2장, 쑥갓 적당량, 김가루·통깨 조금

육수 재료: 멸치육수 3컵, 고운 소금 반 큰술, 설탕 1큰술, 식초 1큰술, 국간장 1큰술

만드는 법

❶

볼에 차갑게 식힌 멸치육수 3컵을
붓고 고운 소금 반 큰술, 설탕 1큰술,
식초 1큰술, 국간장 1큰술을 넣고
섞어 묵사발 육수를 만든다.

❷

묵을 두툼하게 채 썬 뒤 육수에 넣고
참기름에 버무린
다진 신김치 2장을 넣는다.

❸

쑥갓 적당량을 올리고 김가루와
통깨를 조금 뿌려준다.

**셰프의
설명**
• 육수를 뜨겁게 먹을 때는 식초와 설탕만 뺀다.

완성

한 끼 든든하게 먹을 수 있는
초간단 묵사발로 막힌 속을
뻥~ 뚫어보자!

1. 볼에 차갑게 식힌 멸치육수 3컵을 붓고 고운 소금 반 큰술, 설탕 1큰술, 식초 1큰술, 국간장
   1큰술을 넣고 섞어 묵사발 육수를 만든다.
2. 묵을 두툼하게 채 썬 뒤 육수에 넣고 참기름에 버무린 다진 신김치 2장을 넣는다.
3. 쑥갓 적당량을 올리고 김가루와 통깨를 조금 뿌려준다.

단호박맛탕

맛탕은 고구마로 만들어야 제맛? NO!
시간이 지나도 부드럽고 촉촉한 맛탕의 신세계가 펼쳐진다!
맛과 영양이 넝쿨째! 단호박맛탕의 비법은?

재료 단호박 180g, 물 6큰술, 설탕 2큰술, 유자청 6큰술, 포도씨유 2컵(400mL), 견과류 두 봉지, 계핏가루 1꼬집

만드는 법

①

단호박 180g은 껍질을 벗기지 않고
3~4cm 두께로 썰어준다.

②

팬에 포도씨유 2컵(400mL)을 넣고
손질한 단호박의 살 부분이
아래로 가게 해서 튀긴다.

③

단호박 180g을 센 불에 뒤집어가며
익히고 전체적으로 갈색빛이
감돌 때까지 고루 튀겨준다.

**셰프의
설명**
- 단호박을 너무 작게 썰면 튀길 때 살이 부서진다.
- 기름 온도에 상관없이 바로 넣어도 무관하다.
- 단호박이 잘 익으면 진한 노란색을 띤다.

만드는 법

④

튀긴 단호박을 꺼내 체에 밭쳐
기름을 뺀다.

⑤

팬에 물 6큰술, 설탕 2큰술,
유자청 6큰술을 넣어 중불로
약 1분 정도 끓여 조림장을 만든다.

고구마맛탕 조림장으로 활용 가능! TIP

⑥

끓는 조림장에 튀긴 단호박과
견과류 두 봉지를 넣고 함께
졸인 뒤 계핏가루 1꼬집을 뿌려
마무리한다.

**셰프의
설명**
• 유자청을 넣으면 설탕의 사탕화를 막아줘 식어도 서로 달라붙지 않는다.
• 단호박과 유자청이 만나면 맛탕의 향과 맛이 상승한다.

191

완성

맛탕의 신세계!
시간이 지나도 부드러운 맛이 일품
인 〈알토란〉표 단호박맛탕 완성!

간단 요약! 한 장 레시피

1. 단호박 180g은 껍질을 벗기지 않고 3~4cm 두께로 썰어준다.

2. 팬에 포도씨유 2컵(400mL)을 넣고 손질한 단호박의 살 부분이 아래로 가게 해서 튀긴다.

3. 단호박 180g을 센 불에 뒤집어가며 익히고 전체적으로 갈색빛이 감돌 때까지 고루
   튀겨준다.

4. 튀긴 단호박을 꺼내 체에 밭쳐 기름을 뺀다.

5. 팬에 물 6큰술, 설탕 2큰술, 유자청 6큰술을 넣어 중불로 약 1분 정도 끓여 조림장을
   만든다.

6. 끓는 조림장에 튀긴 단호박과 견과류 두 봉지를 넣고 함께 졸인 뒤 계핏가루 1꼬집을 뿌려
   마무리한다.

고등어무조림

'가을 고등어는 며느리에게 주지 않는다'
제철을 맞아 오동통 제대로 살 오른 가을 고등어와
시원하면서도 달콤한 맛이 일품인 가을 무의 만남!
비린내 없이 입에 착 붙는 고등어무조림 비법은?!

재료
무 800g, 순살 고등어 4쪽(2마리), 양파 반 개(100g), 대파 1대(80g), 청양고추 2개, 홍고추 1개, 물 2컵,
진간장 4큰술, 고추장 1큰술, 설탕 2큰술, 다진 마늘 2큰술, 물엿 2큰술, 멸치액젓 2큰술, 중간 고춧가루
5큰술, 후춧가루 1작은술

만드는 법

❶

무 800g은 2~3cm 길이로
토막을 낸 후 1cm 두께로 썰어
냄비 바닥에 깐다.

❷

순살 고등어 4쪽(2마리)을
살 부분이 위로 향하도록
냄비에 넣는다.

❸

볼에 물 2컵, 진간장 4큰술,
멸치액젓 2큰술,
중간 고춧가루 5큰술을 넣는다.

**셰프의
설명** · 무를 두껍게 썰면 양념이 쏙 배지 않는 데다 조리 시간이 증가되고, 무를 얇게 썰면 으스러져 지저분해진다.

만드는 법

4

고추장 1큰술, 설탕·다진 마늘
각 2큰술, 후춧가루 1작은술,
물엿 2큰술을 넣어
양념장을 완성한다.

5

양념장에 채 썬 양파 반 개(100g),
반으로 잘라 5cm 길이로 썬
대파 1대(80g)를 넣는다.

6

어슷썰기한 청양고추 2개와
홍고추 1개를 넣고 섞는다.

완성

7
고등어 위에 양념장을 얹고
센 불에 끓어오르면
중불로 줄여 20분간 끓인다.

매콤 칼칼한 국물이 쏙 밴 무와
고소하게 씹히는 두툼한 고등어로
밥 두 공기 뚝딱!
〈알토란〉표 고등어무조림 완성!

1. 무 800g은 2~3cm 길이로 토막을 낸 후 1cm 두께로 썰어 냄비 바닥에 깐다.
2. 순살 고등어 4쪽(2마리)을 살 부분이 위로 향하도록 냄비에 넣는다.
3. 볼에 물 2컵, 진간장 4큰술, 멸치액젓 2큰술, 중간 고춧가루 5큰술, 고추장 1큰술,
   설탕·다진 마늘 각 2큰술, 후춧가루 1작은술, 물엿 2큰술을 넣어 양념장을 완성한다.
4. 양념장에 채 썬 양파 반 개(100g), 반으로 잘라 5cm 길이로 썬 대파 1대(80g),
   어슷썰기한 청양고추 2개와 홍고추 1개를 넣고 섞는다.
5. 고등어 위에 양념장을 얹고 센 불에 끓어오르면 중불로 줄여 20분간 끓인다.

대추생강청

쌀쌀한 가을바람에 몸이 으슬으슬해질 때 딱!
한 번도 안 따라 해 본 사람은 있어도 한 번만 따라 해 본 사람은 없다는
장안의 화제, 〈알토란〉 표 대추생강청!
초간단 대추생강청으로 우리 가족 건강을 챙겨보자!

재료 건대추 1kg, 생강 1kg, 매실청 1컵 반, 물 1L, 흑설탕 2.5kg

건대추 고르는 법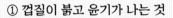

① 껍질이 붉고 윤기가 나는 것

② 눌렀을 때 탄력이 있는 것

③ 주름이 고르게 잘 잡힌 것

생강 고르는 법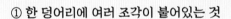

① 한 덩어리에 여러 조각이 붙어있는 것

② 조직이 단단하고 껍질이 얇은 것

③ 황토색을 띠는 것

④ 알이 잘고 덩어리가 작은 것 (국산)

① 생강의 껍질과 전분기를 제거하라!

· 생강의 쓴맛 원인은 제대로 제거하지 않은 껍질과 남아있는 전분기 때문이다.
· 골라내기 쉽게 편으로 썰어 물에 담가 충분히 전분기를 뺀다.

② 대추생강청 황금 비율!

· 대추 1kg : 생강 1kg : 흑설탕 2.5kg
· 방부제 역할을 하는 흑설탕은 대추와 생강의 총 양보다 많이 넣는 게 좋다.

③ 흑설탕과 매실청을 넣어라!

· 대추·생강에 흑설탕의 풍미를 더하면 진하고 부드러운 맛의 청이 완성된다.
· 매실청을 넣으면 대추생강청에서 더 깔끔하고 향긋한 맛이 난다.

④ 대추와 생강을 한번 끓여라!

· 건대추의 맛과 향이 잘 우러나고 재료들의 맛이 잘 섞여 풍미가 산다.
· 숙성 없이 바로 먹을 수 있다.
· 한번 가열했기 때문에 곰팡이 필 걱정도 없다.

⑤ 대추생강청 활용법!

· 대추생강청 1큰술 + 뜨거운 물 = 대추생강차
· 고기 요리나 생선 요리에 활용해 잡내 제거
· 건어물 요리, 조림 요리에 설탕·물엿 대신 넣으면 풍부한 향

만드는 법

❶

건대추 1kg을 돌려 깎아
씨를 제거하고 펼쳐 얇게 채 썬다.

TIP 건대추는 젖은 면포로 표면 닦아서 준비!

❷

깨끗이 씻은 생강 1kg을 조각조각
떼서 칼이나 솔을 이용해 껍질을
벗긴 후 편으로 썰어 물에 담가
전분기를 뺀다.

TIP 생강 쓴맛 원인 2가지, 껍질과 전분!

❸

냄비에 물 1L를 넣고 불을 켠 다음
손질한 대추와 생강
각 1kg을 넣는다.

만드는 법

❹

매실청 1컵 반과 흑설탕 2.5kg을
넣고 끓인다.

❺

센 불에서 끓기 시작하면 20~30분
더 끓인 후 한 김 식혀
소독한 유리병에 넣어
냉장 보관한다.

가을 제철 열매 대추를 다양한 요리
에 활용해 환절기 감기 걱정 끝!
최고의 가을 보약
〈알토란〉표 대추생강청 완성!

셰프의
설명
• 대추 1kg : 생강 1kg : 설탕 2.5kg 황금 비율!
• 매실청을 넣으면 대추생강청에서 더 깔끔하고 향긋한 맛이 난다.

201

완성

간단 요약! 한 장 레시피

1. 건대추 1kg을 돌려 깎아 씨를 제거하고 펼쳐 얇게 채 썬다.

2. 깨끗이 씻은 생강 1kg을 조각조각 떼서 칼이나 솔을 이용해 껍질을 벗긴 후 편으로 썰어
   물에 담가 전분기를 뺀다.

3. 냄비에 물 1L를 넣고 불을 켠 다음 손질한 대추와 생강 각 1kg, 매실청 1컵 반과 흑설탕
   2.5kg을 넣고 끓인다.

4. 센 불에서 끓기 시작하면 20~30분 더 끓인 후 한 김 식혀 소독한 유리병에 넣어 냉장
   보관한다.

가을 Special Part

추석 밥상

"더도 말고 덜도 말고 늘 한가위만 같아라."

일 년 중 가장 밝은 달이 뜨는 추석은
설날과 함께 우리나라의 가장 큰 명절 중 하나이다.

가을볕에 무르익은 햇곡식으로 햅쌀밥과 달 모양의 송편을 빚고
주렁주렁 탐스럽게 영근 온갖 가을 열매를 거둬
올 한해 풍성한 결실을 맺게 해준 조상님께
정성스럽게 차례상을 올렸다.

만물이 결실을 맺는 계절인 만큼 그 어느 때보다 풍성한 추석 밥상.
〈알토란〉 사계절 밥상 스페셜 레시피로
몸도 마음도 풍성해지는 '추석 밥상'을 차려보자!

탕국

명절 차례상 필수 음식, 탕국.
⟨알토란⟩ 표 특급 비법으로
탕국을 더 깊고 진하게 끓여보자!

재료

양지머리 600g, 찌개용 두부 1모(300g), 북어포 1마리(30g), 소금 적당량, 식용유 적당량

육수 재료 (*10인분 기준): 물 50컵(10L), 북어 대가리 3개, 무 700g, 다시마 10장(5×5cm), 통후춧가루 2큰술, 청양고추 5개, 감초 2개, 소주 반 컵, 국간장 3큰술

만드는 법

❶

물 50컵(10L)에 핏물 뺀
양지머리 600g을 넣는다.

❷

북어 대가리 3개, 통후춧가루 2큰술,
청양고추 5개, 감초 2개를 넣은
육수 팩을 넣는다.

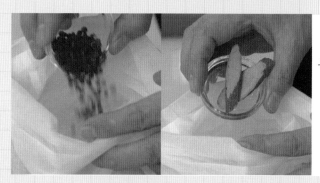

❸

소주 반 컵과 국간장 3큰술을 넣고
센 불에서 50분간 끓인다.

셰프의
설명

- 미지근한 물에 설탕 2큰술과 양지머리 600g을 넣고 3~4시간 두어서 핏물을 뺀다.
- 육수에 소주를 넣으면 잡내가 같이 날아간다.

만드는 법

❹

50분간 끓인 육수에 나박썰기한
무 700g과 다시마 10장(5×5cm)을
넣고 10분간 끓인다.

TIP 육수 삶는 시간은 총 1시간!

❺

10분이 지나면 육수 팩과 무 700g과
다시마 10장을 건져낸다.

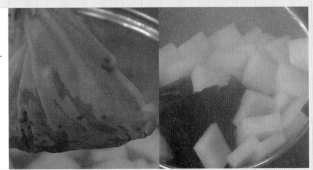

❻

건져낸 다시마와 양지머리와
찌개용 두부 1모(300g)를 무와
비슷한 크기로 나박썰기한다.

셰프의
설명
• 탕국용 무는 부서지지 않게 도톰한 두께로 썬다.
• 미리 무를 익혀두고 먹을 때마다 넣으면 식감과 맛이 한층 좋아진다.

만드는 법

❼

식용유를 둘러 달군 팬에
나박썰기한 두부를 앞뒤로 구운 뒤
찬물에 한 번 헹군 후 체에 밭쳐
물기를 뺀다.

❽

북어포 1마리(30g)는 찬물에
깨끗이 세척한 뒤 남아있는 비늘과
잔가시를 제거하고, 가위로
지느러미와 꼬리를 잘라
한입 크기로 썰어 준비한다.

❾

끓는 육수 6컵에 소금 적당량을
넣어 간을 하고 준비한 재료를 넣고
한소끔 끓인다.

3~4인분 기준, 소금양은 기호에 맞게 가감 TIP

셰프의 설명 • 탕국에 넣는 두부는 구워서 넣어야 모양이 유지되고 식감이 쫄깃해진다.

완성

소고기의 구수함과 해물의 시원함
이 어우러져 온 가족 입맛 사로잡는
풍성한 탕국의 진수!

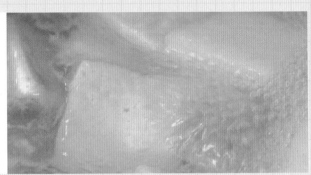

간단 요약! 한 장 레시피

1. 물 50컵(10L)에 핏물 뺀 양지머리 600g을 넣는다.

2. 북어 대가리 3개, 통후춧가루 2큰술, 청양고추 5개, 감초 2개를 넣은 육수 팩과 소주 반
   컵과 국간장 3큰술을 냄비에 넣고 센 불에서 50분간 끓인다.

3. 50분간 끓인 육수에 나박썰기한 무 700g과 다시마 10장(5×5cm)을 넣고 10분간 끓인 뒤
   육수 팩과 무 700g과 다시마 10장을 건져낸다.

4. 건져낸 다시마와 양지머리와 찌개용 두부 1모(300g)를 무와 비슷한 크기로 나박썰기한다.

5. 식용유를 둘러 달군 팬에 나박썰기한 두부를 앞뒤로 구운 뒤 찬물에 한 번 헹군 후 체에
   밭쳐 물기를 뺀다.

6. 북어포 1마리(30g)는 찬물에 깨끗이 세척한 뒤 남아있는 비늘과 잔가시를 제거하고,
   가위로 지느러미와 꼬리를 잘라 한입 크기로 썰어 준비한다.

7. 끓는 육수 6컵에 소금 적당량을 넣어 간을 하고 준비한 재료를 넣고 한소끔 끓인다.
   (*소금양은 입맛에 따라 가감)

LA갈비구이·LA갈비찜

올 명절엔 LA갈비구이를 할까? 갈비찜을 할까?
이제 〈알토란〉 표 비법 양념장 하나로
LA갈비구이와 LA갈비찜을 동시에 즐기자!
추석 고기 요리 완전 정복을 위한 특급 레시피 대공개!

재료   LA 갈비 2kg(1.2cm), 진간장 1컵 반, 물 10컵, 다진 마늘 7큰술, 생강즙 1큰술, 간 양파 반 컵, 다진 청양고추 3개, 간 배 반 컵, 간 사과 반 컵, 물엿 2컵, 흑설탕 반 컵, 후춧가루 반 큰 술, 참기름 4큰술, 간 통깨 4큰술, 달걀노른자 2개

구이용 LA 갈비 손질법

① 구이용 최적의 두께는 1.2cm가 좋다.

② 얇으면 육즙이 빠지고 짜지기 쉽고, 두꺼우면 겉은 타고 속은 안 익기 쉽다.

③ LA갈비구이는 뼈의 핏물을 빼지 않아도 맛에 영향을 끼치지 않는다.

찜용 LA 갈비 손질법

① 찜용 최적의 두께는 2cm가 좋다.

② 두꺼운 찜용 LA 갈비는 양쪽에 칼집을 내서 조리한다.

③ 찜용 LA 갈비는 2시간 물에 담가 핏물을 뺀다.

맛의 한 수

① 양념장 양은 넉넉히!
  · 양념의 양이 적으면 고기끼리 눌려 육즙이 빠져나온다.
  · 달걀노른자를 넣으면 고소함이 배가 되고 훨씬 부드러운 맛이 난다.
  · 다진 청양고추를 넣으면 느끼한 맛을 잡을 수 있다.
  · LA 갈비를 재우고 남은 양념장을 LA갈비찜에 활용!

② LA갈비구이 잘 굽는 법!
  · 모든 양념 고기는 달구지 않은 팬에서부터 양념장을 적당량 넣고 구워야 타지 않고 속까지 잘 익는다.

③ LA갈비찜 잘 찌는 법!
  · 고기를 삶은 뒤 양념을 해야 부드럽고 양념이 잘 밴다.

만드는 법

①

1.2cm 두께로 자른 LA 갈비 2kg을
찬물에 헹궈 준비한다.

흐르는 물에 잔여물만 헹구기! TIP

②

볼에 진간장 1컵 반, 물 10컵, 다진
마늘 7큰술, 생강즙 1큰술을 넣는다.

양념 양을 넉넉히! TIP

③

간 양파 반 컵, 다진 청양고추 3개,
간 배 반 컵, 간 사과 반 컵을 넣는다.

**셰프의
설명**
- LA갈비구이는 뼈의 핏물을 빼지 않아도 맛에 영향을 끼치지 않는다.
- 양념의 양이 적으면 고기끼리 눌러 육즙이 빠져나온다.
- 다진 청양고추를 넣으면 느끼한 맛을 잡을 수 있다.
- 간 양파 = 양파 1개 분량, 간 배 = 배 반 개 분량, 간 사과 = 사과 1개 분량

만드는 법

---

❹

물엿 2컵, 흑설탕 반 컵,
후춧가루 반 큰술,
참기름 4큰술을 넣는다.

---

❺

간 통깨 4큰술, 달걀노른자 2개로
양념장을 넉넉히 만든다.

TIP 달걀노른자는 모든 양념 고기에 활용 가능!

---

❻

통에 LA 갈비와
양념장을 켜켜이
쌓아 담는다.

**셰프의
설명**
• 흑설탕을 넣으면 색과 풍미가 훨씬 좋아진다.
• 고기마다 양념이 묻어야 붙지 않아 양념이 잘 배고 육즙이 안 빠진다.
• 통에 담을 때도 갈비뼈끼리 달라붙지 않게 넣는 것이 포인트!

만드는 법

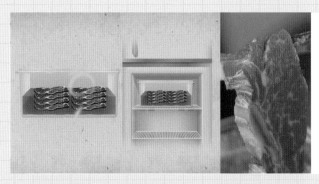

❼

실온에 4시간 숙성 후 냉장고에서
20시간 숙성시킨다.

실온 4시간 + 냉장 20시간 **TIP**
= 총 24시간 숙성!

❽

달구지 않은 팬에 재운 LA 갈비 4대
를 올리고 센 불로 켠 후 양념장 반
컵을 넣은 뒤 육즙이 올라오면 뒤집
어 앞뒤로 노릇하게 굽는다.

1.2cm 두께 한 면에 3분 정도 익히면 충분! **TIP**

〈알토란〉표 비법 양념장으로
더 맛있게!
추석 밥상 온 가족 입맛 사로잡는
LA갈비구이 완성!

완성

1. 1.2cm 두께로 자른 LA 갈비 2kg을 찬물에 헹궈 준비한다.

2. 볼에 진간장 1컵 반, 물 10컵, 다진 마늘 7큰술, 생강즙 1큰술, 간 양파 반 컵, 다진 청양고추 3개, 간 배 반 컵, 간 사과 반 컵, 물엿 2컵, 흑설탕 반 컵, 후춧가루 반 큰술, 참기름 4큰술, 간 통깨 4큰술, 달걀노른자 2개로 양념장을 넉넉히 만든다.

3. 통에 LA 갈비와 양념장을 켜켜이 쌓아 담는다.

4. 실온에 4시간 숙성 후 냉장고에서 20시간 숙성시킨다.

5. 달구지 않은 팬에 재운 LA 갈비 4대를 올리고 센 불로 켠 후 양념장 반 컵을 넣은 뒤 육즙이 올라오면 뒤집어 앞뒤로 노릇하게 굽는다.

LA갈비찜

LA갈비구이를 재우고 남은 양념장으로 뚝딱!
입에서 살살 녹는 LA갈비찜 특급 비법을 배워보자!

 재료 찜용 LA 갈비 2kg, 물 5컵, 대파 2대, 통마늘 10알, 양파 반 개, LA갈비구이를 재우고 남은 양념장 3컵, 불린 건표고버섯 3개, 무 50g, 당근 50g, 건고추 2개, 꽈리고추 5개

만드는 법

①
2cm 두께로 자른
찜용 LA 갈비 2kg을
2시간 핏물을 빼서 준비한다.

②
대파 2대, 통마늘 10알, 양파 반 개를
넣은 육수 팩을 준비한다.

③
냄비에 물 5컵과 LA 갈비를 넣고
물이 끓어 오를 때까지 떠오르는
부유물을 계속 걷어준다.

셰프의
설명   • 고기를 삶은 뒤 양념을 해야 부드럽고 양념이 잘 밴다.

만드는 법

❹

물이 끓어오르면 육수 팩을 냄비에
넣고 뚜껑은 연 채로 물 5컵이
물 2컵이 될 때까지 약 30분간
삶은 후 육수 팩을 건져낸다.

고기를 삶는 시간은 불 켠 후부터 약 30분! TIP

❺

LA갈비구이를 재우고 남은 양념장
3컵을 넣고 조린 뒤 양념장이
2컵 정도 남았을 때 부재료인 불린
건표고버섯 3개를 먹기 좋게
잘라 넣는다.

❻

무와 당근 각 50g과 3cm 길이로
자른 건고추 2개를 넣고 부재료가
익을 때까지 조린다.

만드는 법

❼
부재료가 다 익으면 꽈리고추 5개를
반으로 잘라 넣은 뒤 1분 정도
졸여 마무리한다.

갈비를 재우고 남은 양념장으로
손쉽게 뚝딱!
야들야들 입에서 살살 녹는
부드러운 LA갈비찜 완성!

완성

양념장 하나로
추석 고기 요리 완전 정복!

간단 요약! 한 장 레시피

1. 2cm 두께로 자른 찜용 LA 갈비 2kg을 2시간 핏물을 빼서 준비한다.

2. 냄비에 물 5컵과 LA 갈비를 넣고 물이 끓어 오를 때까지 떠오르는 부유물을 계속 걷어가며 삶는다.

3. 물이 끓으면 대파 2대, 통마늘 10알, 양파 반 개를 넣은 육수 팩을 냄비에 넣고 뚜껑은 연 채로 물 5컵이 물 2컵이 될 때까지 30분간 삶은 후 육수 팩을 건져낸다.
   (*고기를 삶는 시간은 불을 켠 후부터 약 30분!)

4. LA갈비구이를 재우고 남은 양념장 3컵을 넣고 조린 뒤 양념장이 2컵 정도 남았을 때 부재료인 불린 건표고버섯 3개를 먹기 좋게 잘라 넣는다.

5. 무와 당근 각 50g과 3cm 길이로 자른 건고추 2개를 넣고 부재료가 익을 때까지 조린다.

6. 부재료가 다 익으면 꽈리고추 5개를 반으로 잘라 넣은 뒤 1분 정도 졸여 마무리한다.

식혜

명절 느끼한 속을 한 방에 가라앉혀 주는
시원한 추석 대표 간식, 식혜!
먹을 때마다 바로 만든 것처럼
밥알을 동동 뜨게 만드는 식혜 비법은?!

재료

고두밥, 엿기름물, 저민 생강 2톨(40g), 설탕 1컵, 잣 1큰술(13알), 대추 고명 5개

고두밥 재료: 깨끗하게 씻은 멥쌀 2컵(180mL 컵 기준), 물 310mL

엿기름물 재료: 엿기름 300g, 물 25컵(5L), 설탕 4큰술

만드는 법

❶

전기밥솥에 깨끗하게 씻은
멥쌀 2컵(180mL 컵 기준)과 물
310mL를 넣고 백미 쾌속 버튼을
눌러 고두밥을 만든다.

물 양은 멥쌀 2컵 기준 TIP

❷

엿기름 300g을 넣은 베주머니를
물 25컵(5L)에 넣고 30분간 불린다.

❸

엿기름이 든 베주머니를
주물러 우려낸다.

엿기름 우린 물 양 = 식혜 양 TIP

| 셰프의 설명 | • 이 분량대로 식혜 완성 시 큰 페트병 2개 정도가 나온다.
• 고두밥 지을 땐 쌀보다 물의 양을 적게 잡는다.
• 초가을 날씨에는 엿기름을 30분 정도 불리고, 추운 날씨에는 미지근한 물을 사용해도 좋다. |

만드는 법

❹
엿기름물의 앙금을 30분 정도
가라앉힌다.

❺
30분 후 볼에 깨끗한 윗물만
따라낸 엿기름물 총 5L에
설탕 4큰술을 넣고 섞는다.

❻
반으로 나눈 고두밥에 엿기름물
총 5L 중 반인 2.5L를 넣고
뚜껑을 닫아 보온 버튼을 누른다.
(같은 과정 2번 반복)

**셰프의
설명**
• 설탕을 미리 넣으면 밥알 삭히는 시간이 단축된다.
• 10인용 전기밥솥 기준으로 고두밥과 엿기름물을 반으로 나눠 넣어 같은 방식으로 2번 만든다.

만드는 법

7

3시간 후부터 밥알이 5~10개 정도
떠오르면 밥알을 거른다.
(같은 과정 2번 반복)

8

밥알에서 깨끗한 물이 나올 때까지
3번 정도 헹군 후 통에 담고
냉수를 부어 냉장 보관한다.

9

2번에 걸쳐 완성된 5L 식혜물에
저민 생강 2톨(40g), 설탕 1컵을
넣고 센 불에서 끓어오르면 중불로
줄여 5분 더 끓이고 뜬
거품을 제거한다.

셰프의 설명
• 삭힌 밥알을 물에 헹구면 전분 등의 성분이 제거돼 밥알이 가볍고 색이 맑아진다.
• 냉수를 부어 냉장 보관한 밥알은 먹을 때마다 꺼내 물기를 제거한 후 식혜 위에 적당량을 띄운다.

만드는 법

⑩

끓인 식혜물은 우려낸 생강을
체로 걸러낸 후 차갑게 식혀
병에 담는다.

⑪

완성된 식혜물을 먹을 만큼 담은 뒤
밥알의 물기를 제거해 띄운다.

⑫

고명으로 잣 1큰술(13알)과
씨 제거 후 동그랗게 말아 썬
대추 고명 5개를 올린다.

완성

밥알이 동동~
달큼한 맛이 일품인
맑고 개운한 식혜 완성!

간단 요약! 한 장 레시피

1. 전기밥솥에 깨끗하게 씻은 멥쌀 2컵(180mL 컵 기준)과 물 310mL를 넣고 백미 쾌속 버튼을 눌러 고두밥을 만든다.

2. 엿기름 300g을 넣은 베주머니를 물 25컵(5L)에 넣고 30분간 불린 뒤 엿기름이 든 베주머니를 주물러 우려낸다.

3. 엿기름물의 앙금을 30분 정도 가라앉힌 후 볼에 깨끗한 윗물만 따라낸 엿기름물 총 5L에 설탕 4큰술을 넣고 섞는다.

4. 반으로 나눈 고두밥에 엿기름물 총 5L 중 반인 2.5L를 넣고 뚜껑을 닫아 보온 버튼을 누른다. (같은 과정 2번 반복)

5. 3시간 후부터 밥알이 5~10개 정도 떠오르면 밥알을 거르고 밥알에서 깨끗한 물이 나올 때까지 3번 정도 헹군 후 통에 담고 냉수를 부어 냉장 보관한다.

6. 2번에 걸쳐 완성된 5L 식혜물에 저민 생강 2톨(40g), 설탕 1컵을 넣고 센 불에서 끓어오르면 중불로 줄여 5분 더 끓이고 뜬 거품을 제거한다.

7. 끓인 식혜물은 우려낸 생강을 체로 걸러낸 후 차갑게 식혀 병에 담는다.

8. 완성된 식혜물을 먹을 만큼 담은 뒤 밥알의 물기를 제거해 띄우고 고명으로 잣 1큰술(13알)과 씨 제거 후 동그랗게 말아 썬 대추 고명 5개를 올린다.

명절 3종 전

반죽 하나면 맛있는 동그랑땡, 깻잎전, 고추전이 뚝딱!
명절 밥상에 절대 빠질 수 없는 명절 전을
더 쉽고 더 맛있게 부치는 비법을 배워보자!

재료

① 동그랑땡 재료: 돼지고기 다짐육 500g, 소고기 다짐육 300g, 으깬 두부 300g, 생강즙 3큰술, 소주 3큰술, 송송 썬 실파 반 컵, 곱게 다진 당근 반 컵, 다진 양파 반 컵, 다진 마늘 반 컵, 다진 풋고추 반 컵, 후춧가루 반 큰술, 깨소금 5큰술, 참기름 5큰술, 꽃소금 2큰술, 고운 고춧가루 5큰술, 1cm 높이로 자른 종이컵, 기름 적당량

② 깻잎전 재료: 동그랑땡 반죽, 깻잎, 밀가루

③ 고추전 재료: 동그랑땡 반죽, 오이고추 10개, 밀가루

맛의 한 수

① **돼지고기와 소고기를 함께 넣어라!**

- 기름기 없는 부위로 돼지고기와 소고기를 다져서 준비한다.
- 소고기만 사용하면 퍽퍽한 식감이 있고, 돼지고기만 사용하면 느끼한 맛이 난다.
- 부드러운 식감과 담백한 맛을 낼 수 있어 질리지 않는다.
- 부드러운 돼지고기를 더 많이 넣어야 퍽퍽해지지 않는다.

② **풋고추와 고춧가루를 넣어라!**

- 풋고추를 넣으면 아삭한 식감을 주고 전의 느끼함도 잡아준다.
- 고춧가루를 넣으면 전의 느끼함을 잡아줘서 질리지 않는다.

③ **종이컵을 활용해라!**

- 일정한 모양으로 평평하게 만들어져 골고루 잘 익는다.
- 종이컵에 반죽이 달라붙지 않도록 랩을 활용한다.

④ **반죽에 손질 후 남은 자투리 재료를 넣어라!**

- 같은 반죽이라도 각 전의 특유의 맛을 더 살릴 수 있다.

⑤ **달걀물 황금 비율 2 : 1**

- 노른자 10 : 흰자 5
- 먹음직한 노란 색감을 살리면서 부드러운 맛을 낼 수 있다.
- 달걀물에 소금을 넣으면 달걀옷이 쉽게 벗겨진다.

동그랑땡 만드는 방법

❶

볼에 돼지고기 다짐육 500g과
소고기 다짐육 300g, 생강즙·소주
각 3큰술을 넣고 버무린다.

❷

물기를 면포로 짠 후 칼등으로
으깬 두부 300g을 넣고 섞는다.

❸

송송 썬 실파 반 컵, 곱게 다진
당근 반 컵, 다진 양파·다진 마늘
·다진 풋고추 각 반 컵을
넣고 섞는다.

TIP 다진 5가지 채소 각 반 컵씩!

**셰프의
설명**
• 돼지고기+소고기+두부 = 약 1kg 정도로 동그랑땡 30~40개 분량이 된다.
• 딱딱한 당근은 식감을 위해 곱게 다지는 게 좋다.

동그랑땡 만드는 방법

4

후춧가루 반 큰술, 깨소금·참기름 각 5큰술, 꽃소금 2큰술, 고운 고춧가루 5큰술을 넣고 섞어 간을 한 후 꾹꾹 누르며 반죽을 치댄다.

5

1cm 높이로 자른 종이컵에 랩을 씌운 후 반죽을 넣어 동그랑땡 모양을 만든다.

6

달군 팬에 기름을 골고루 두르고 동그랑땡에 밀가루를 묻힌 후 털고 달걀물을 입혀 옆면이 반 정도 익으면 뒤집어 노릇하게 구워준다.

셰프의 설명
• 반죽을 치댈 때 꾹꾹 누르며 치대야 공기가 빠져서 끈기가 생긴다.
• 반죽 가운데를 살짝 오목하게 넣어야 익으면서 모양이 평평해진다.
• 전을 여러 번 뒤집으면 윤기가 없어진다.

231

깻잎전 만드는 방법

①
깻잎 3장을 겹쳐
반으로 접고 가장자리를
가위로 자른다.

②
잘라낸 깻잎 가장자리는 다져서
반죽에 넣고 섞는다.

③
깻잎 안쪽에
밀가루를 살짝 묻힌다.

깻잎전 만드는 방법

❹

깻잎의 한쪽 면에 한 숟가락 정도
반죽을 넣어 펴 바르고
반으로 접어 평평하게
모양을 만든다.

❺

깻잎 양면에 밀가루를 묻힌 후
털어내고 달걀물을 입혀 앞뒤가
노릇해지게 부친다.

고추전 만드는 방법

①

오이고추 10개를
세로로 반 가르고
고추씨를 제거한다.

②

고추의 양 끝을 잘라 다져서
동그랑땡 반죽에 넣고 섞는다.

③

고추 안쪽에 밀가루를 묻혀 털고
고추 속에 반죽을 넣어
얇게 펴 바른다.

셰프의 설명
- 큼직한 오이고추로 만들면 반죽이 많이 들어가 더 맛있다.
- 고추 양 끝을 자르면 반죽을 넣기 편하고 골고루 익는다.
- 고추를 눌러 펴줘야 밀가루가 잘 묻고 평평해져 부칠 때 잘 익는다.

고추전 만드는 방법

④

반죽 부분에만 밀가루를 묻히고
털어낸 뒤 달걀물을 발라 부친다.

반죽 하나로 뚝딱 만드는
맛있는 3종 전으로
더욱 풍성한 명절 밥상을 차려보자!

**셰프의
설명**

• 고추의 초록색을 지키기 위해 반죽 쪽에만 밀가루와 달걀옷을 입힌다.
• 다 부친 전은 펼쳐 놓아야 달걀옷이 잘 벗겨지지 않는다.

완성

간단 요약! 한 장 레시피

-동그랑땡-

1. 볼에 돼지고기 다짐육 500g과 소고기 다짐육 300g, 생강즙·소주 각 3큰술을 넣고 버무린다.
2. 물기를 면포로 짠 후 칼등으로 으깬 두부 300g을 넣고 섞는다.
3. 송송 썬 실파 반 컵, 곱게 다진 당근 반 컵, 다진 양파·다진 마늘·다진 풋고추 각 반 컵을 넣고 섞는다.
4. 후춧가루 반 큰술, 깨소금·참기름 각 5큰술, 꽃소금 2큰술, 고운 고춧가루 5큰술을 넣고 섞어 간을 한 후 꾹꾹 누르며 반죽을 치댄다.
5. 1cm 높이로 자른 종이컵에 랩을 씌우고 반죽을 넣어 동그랑땡 모양을 만든다.
6. 달군 팬에 기름을 골고루 두르고 동그랑땡에 밀가루를 묻힌 후 털고 달걀물을 입혀 옆면이 반 정도 익으면 뒤집어 노릇하게 구워준다.

-깻잎전-

1. 깻잎 3장을 겹쳐 반으로 접고 가장자리를 가위로 자르고, 잘라낸 깻잎 가장자리는 다져서 반죽에 넣고 섞는다.
2. 깻잎 안쪽에 밀가루를 살짝 묻힌다.
3. 깻잎의 한쪽 면에 한 숟가락 정도 반죽을 넣어 펴 바르고 반으로 접어 평평하게 모양을 만든다.
4. 깻잎 양면에 밀가루를 묻힌 후 털어내고 달걀물을 입혀 앞뒤가 노릇해지게 부친다.

-고추전-

1. 오이고추 10개를 세로로 반 가르고 고추씨를 제거한다.
2. 고추의 양 끝을 잘라 다져서 동그랑땡 반죽에 넣고 섞는다.
3. 고추 안쪽에 밀가루를 묻혀 털고 고추 속에 반죽을 넣어 얇게 펴 바른다.
4. 반죽 부분에만 밀가루를 묻히고 털어낸 뒤 달걀물을 발라 부친다.

PART 04

겨울^冬 밥상

PART 04

겨울冬 밥상

사계(四季)를 먹다.
그 네 번째, 겨울.

짧은 가을을 뒤로한 채 뼛속까지 시린 겨울이 찾아왔다.
그 어느 때보다 간절해지는 따뜻한 국물 한 모금과
엄마의 손맛 가득한 따뜻한 집밥이 더 그리워지는 계절.

영하로 뚝 떨어지는 기온과 매서운 겨울바람은 야속하지만
추울수록 더 맛이 깊어져 가는 겨울 제철 별미가 있어
더 풍성하고 더 행복한 '겨울 밥상'.

겨우내 쌓여가는 내 몸 안의 독소를 싹 씻겨주고
에너지 소모로 떨어진 면역력을 쑥 올려줄
〈알토란〉 표 '겨울 밥상'으로 건강한 겨울을 보내자!

대파김치

모든 음식에 빠질 수 없는 주방의 감초 "대파"
오늘 밥상 위 주인공으로 다시 태어난다!
달콤한 겨울 대파로 담그는 별미 김치,
대파김치의 매력에 빠져보자!

재료

손질한 대파 6단(5kg), 무 350g, 양파 1개, 생강 1개(30g), 멸치액젓 2컵(400g), 새우젓 2컵(450g),
중간 고춧가루 600g, 다진 마늘 500g, 물엿 500g, 차조 풀 700g

차조 풀 재료: 차조밥(차조200g+물 2컵), 건표고버섯 5개, 다시마 1장, 물 2컵 반(500mL)

맛의 한 수

① 대파 고르는 법

· 전체적으로 곧게 뻗은 것
· 흰 줄기가 길고 단단하며 잎은 짙은 녹색인 것
· 한 단에 묶인 대파의 굵기가 일정한 것

② 계절에 따른 대파김치

· 억세고 잎에 진이 많은 여름 대파는 흰 줄기만 사용하는 것이 좋다.
· 진이 많은 대파 잎은 양념이 묻지 않고 김치맛이 쉽게 변한다.
· 부드럽고 잎에 진이 적은 겨울 대파는 전체를 사용한다.
· 겨울 대파는 단맛이 나는 흰 줄기가 길고 파란 잎은 짧아 더 맛있다.

③ 차조 풀을 넣어라!

· 차조 풀은 대파김치의 발효를 늦춰서 쓴맛 없이 오랫동안 먹을 수 있다.

④ 대파 김치 맛있게 먹는 법

· 실온 보관 2일 후 → 냉장 숙성 2일 = 최상의 맛!

만드는 법

①

손질한 대파 6단(5kg)의 흰 줄기를
반으로 갈라 7cm 길이로 썰고,
파란 잎도 7cm 길이로 썬다.

②

대파 6단에 멸치액젓 2컵(400g)을
골고루 뿌리고 30분에 한 번씩
뒤집으며 총 4시간 동안 절인다.

③

절인 대파는 채반에 밭쳐 물기를
빼고 절인 대파에서 나온
멸치액젓을 믹서에 붓는다.

대파 절인 **멸치액젓**
+ 대파에서 나온 물

**셰프의
설명**
- 대파 흰 줄기를 반으로 가르면 양념에 잘 절여지고 절여지면 한 겹씩 떨어진다.
- 칼에 물을 묻히면 매운맛 성분이 물에 녹아서 눈이 맵지 않다.
- 멸치액젓으로 절이면 대파의 맛과 향이 유지되고 멸치액젓의 감칠맛이 더해진다.
- 걸러진 멸치액젓에는 대파의 향과 맛이 배어있어 풍미를 높인다.

만드는 법

❹

무 350g을 작게 썰어
믹서에 넣고 갈아준다.

❺

양파 1개, 생강 1개(30g)를 썰어
믹서에 넣고, 물 1컵을 넣어
함께 갈아준다.

❻

새우젓 2컵(450g)을 넣고
갈아준 뒤 간 양념을
넓은 볼에 담는다.

셰프의
설명
• 멸치액젓은 대파 자체의 간을 담당하고, 새우젓은 대파김치 양념의 간을 담당한다.

만드는 법

❼

중간 고춧가루 600g,
다진 마늘 500g, 물엿 500g을 넣고
양념을 골고루 잘 섞는다.

❽

차조 200g에 물 2컵(400mL)을
넣고 지은 차조밥을 준비한다.

❾

건표고버섯 5개, 다시마 1장을
물 2컵 반(500mL)을 넣고
12시간 동안 우려 육수를 만든다.

**셰프의
설명**
• 겨울 대파는 맵지 않아 마늘로 김치의 매운맛을 살린다.

244

만드는 법

⑩
차조밥과 표고다시마육수 500mL를
믹서에 넣고 갈아준 뒤
양념장에 넣고 섞는다.

⑪
양념장에 절인 대파를 넣고
살살 버무린다.

4일 숙성한
대파김치

갓 담근
대파김치

⑫
완성된 대파 김치를 통에 담는다.

완성

김치 계의 새로운 강자가 나타났다.
겨울에 딱! 달고 시원한
〈알토란〉표 대파김치 완성!

간단 요약! 한 장 레시피

1. 손질한 대파 6단(5kg)의 흰 줄기를 반으로 갈라 7cm 길이로 썰고, 파란 잎도 7cm 길이로 썬다.

2. 대파 6단에 멸치액젓 2컵(400g)을 골고루 뿌리고 30분에 한 번씩 뒤집으며 총 4시간 동안 절인다.

3. 절인 대파는 채반에 밭쳐 물기를 빼고 절인 대파에서 나온 멸치액젓을 믹서에 붓는다.

4. 무 350g을 작게 썰어 믹서에 넣고 갈아준 다음 양파 1개, 생강 1개(30g)를 썰어 믹서에 넣고, 물 1컵을 넣어 함께 갈아준다.

5. 새우젓 2컵(450g)을 넣고 갈아준 뒤 간 양념을 넓은 볼에 담는다.

6. 중간 고춧가루 600g, 다진 마늘 500g, 물엿 500g을 넣고 양념을 골고루 잘 섞는다.

7. 차조 200g에 물 2컵을 넣고 지은 차조밥과 건표고버섯 5개, 다시마 1장, 물 2컵 반(500mL)을 넣고 12시간 동안 우려 만든 육수를 믹서에 넣고 갈아준 뒤 양념장에 넣고 섞는다.

8. 양념장에 절인 대파를 넣고 살살 버무린다.

9. 완성된 대파 김치를 통에 담는다.

🍽 늙은호박죽

찬 바람 불 때 딱!
보기만 해도 속이 따뜻해지는 최고의 겨울 보양죽.
먹어도 먹어도 질리지 않는 늙은호박죽으로
든든한 겨울을 보내자!

 재료 늙은 호박 1kg, 물 4컵, 설탕 5큰술, 소금 1큰술 반, 건포도 약간

찹쌀풀 재료: 찹쌀가루 반 컵, 물 3컵

늙은 호박 고르는 법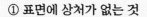

① 표면에 상처가 없는 것

② 곰팡이가 피지 않은 것

③ 하얀 가루가 많을수록 당도가 높다.

④ 하얀 가루는 내부에 있는 과육의 당분이 표면으로 결정화되어 나오는
것이다.

늙은 호박 손질법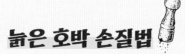

① 껍질을 벗긴다.   ② 씨와 태좌를 긁어낸다.

 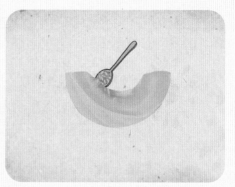

만드는 법

①

늙은 호박 1kg을 껍질·씨·태좌를
제거하고 작게 썬다.

②

믹서에 썬 늙은 호박 1kg과
물 4컵을 넣고 간다.

취향에 따라 갈기 정도 선택! TIP

③

간 늙은 호박을 냄비에 담고
센 불에 저으면서 끓이다가
끓기 시작하면 중불로 줄여
10분간 끓인다.

셰프의
설명

• 부드러운 식감을 내고 싶으면 물 1컵을 추가한 후 더 곱게 간다.
• 누르지 않게 중간에 한 번씩 저어준다.

만드는 법

❹

냄비에 찹쌀가루 반 컵을 넣고
물 3컵을 조금씩 넣으면서 잘 푼 뒤
센 불에 1~2분간 저으면서
되직하게 끓인다.

❺

10분간 끓인 늙은 호박에
찹쌀풀을 넣어 농도를 맞추고
5분간 더 끓인다.

❻

설탕 5큰술, 소금 1큰술 반을 넣어
간을 맞추고 건포도 고명을 올린다.

**셰프의
설명**

- 찹쌀풀을 넣으면 호박죽이 부드럽고 찹쌀가루 특유의 냄새가 없다.
- 간 호박 넣고 센 불에서 중불로 줄여 10분 → 찹쌀풀 넣고 5분 끓이기!
- 다 먹지 않고 보관할 경우, 설탕과 소금은 넣지 않고 먹기 전에 별도로 넣는다.

완성

이보다 쉬울 수 없다!
입안에서 사르르 녹는
초간단 겨울 별미, 늙은호박죽!

간단 요약! 한 장 레시피

1. 늙은 호박 1kg을 껍질·씨·태좌를 제거하고 작게 썬다.

2. 믹서에 썬 늙은 호박 1kg과 물 4컵을 넣고 간다.

   (*취향에 따라 갈기 정도 선택)

3. 간 늙은 호박을 냄비에 담고 센 불에 저으면서 끓이다가 끓기 시작하면 중불로 줄여
   10분간 끓인다.

4. 냄비에 찹쌀가루 반 컵을 넣고 물 3컵을 조금씩 넣으면서 잘 푼 뒤 센 불에 1~2분간
   저으면서 되직하게 끓인다.

5. 10분간 끓인 늙은 호박에 찹쌀풀을 넣어 농도를 맞추고 5분간 더 끓인다.

6. 설탕 5큰술, 소금 1큰술 반을 넣어 간을 맞추고 건포도 고명을 올린다.

   (*한 번에 다 먹지 않고 보관할 경우, 설탕과 소금은 넣지 않고 먹을 때 넣는다)

🍴 시금치겉절이

매서운 겨울바람에 단맛이 제대로 오른 겨울 시금치!
신선한 맛이 일품인 상큼하고 아삭한 시금치겉절이로
겨울 입맛을 살려보자!

 재료 시금치 1단(200g), 영양 부추 100g, 사과 1개, 고운 고춧가루 3큰술, 식초 5큰술, 설탕 2큰술, 다진 파 4큰술, 다진 마늘 2큰술, 깨소금 3큰술, 참기름 2큰술, 멸치액젓 2큰술

시금치 고르는 법

① 잎이 평평하고 길이가 짧은 것을 고른
다.

② 시금치의 길이가 짧아야 향이 좋고 단맛
이 있다.

맛의 한 수

① 영양 부추를 넣어라!

· 일반 부추 → 향이 강하고 억세다.

· 영양 부추 → 단맛이 나고 식감이 연해서
시금치겉절이와 잘 어우러진다.

② 사과를 넣어라!

· 새콤달콤한 제철 과일 사과는 아삭한 식감
과 단맛을 더한다.

만드는 법

❶

시금치 1단(200g)을 손질 후
깨끗이 씻는다.

TIP 신선한 맛을 위해 시금치는 절이지 않기!

❷

볼에 고운 고춧가루 3큰술,
식초 5큰술, 설탕 2큰술,
다진 파 4큰술을 넣는다.

❸

다진 마늘 2큰술, 깨소금 3큰술,
참기름과 멸치액젓 각 2큰술을 넣고
섞어 양념장을 만든다.

TIP 멸치액젓은 시금치 겉절이 간을 보며 가감

셰프의
설명
- 본연의 맛을 위해 맛·향이 강하지 않은 현미 식초가 좋다.
- 곱게 다진 파를 넣어야 시금치 사이사이에 잘 섞인다.
- 멸치액젓으로 간을 맞추는 동시에 감칠맛을 낸다.

만드는 법

❹

깨끗이 씻은 영양 부추 100g을
시금치 길이에 맞춰 자른다.

❺

시금치와 영양 부추를 골고루 섞어
준 뒤 양념장 5큰술을 골고루 넣고
손에 힘을 빼 가볍게 버무린다.

❻

사과 1개를 4등분으로 자른 뒤
씨를 제거하고 껍질째
얄팍얄팍하게 썬다.

셰프의
설명
- 시금치에 양념장을 넣고 오래 버무리면 숨이 죽기 때문에 양념장 넣기 전에 영양 부추와 미리 잘 섞는다.
- 시금치겉절이는 먹기 직전에 버무려야 아삭한 식감이 유지된다.

만드는 법

❼
넓은 접시에 사과를 돌려 담고
중앙에 겉절이를 올려 완성한다.

늘 나물로만 먹던 시금치를
이제 신선하게 겉절이로 즐기자.
겨울 별미 반찬, 시금치겉절이 완성!

완성

간단 요약! 한 장 레시피

1. 시금치 1단(200g)을 손질 후 깨끗이 씻는다.

2. 볼에 고운 고춧가루 3큰술, 식초 5큰술, 설탕 2큰술, 다진 파 4큰술, 다진 마늘 2큰술, 깨소금 3큰술, 참기름과 멸치액젓 각 2큰술을 넣고 섞어 양념장을 만든다. (*멸치액젓은 시금치 겉절이 간을 보며 가감)

3. 깨끗이 씻은 영양 부추 100g을 시금치 길이에 맞춰 자른다.

4. 시금치와 영양 부추를 골고루 섞어준 뒤 양념장 5큰술을 골고루 넣고 손에 힘을 빼 가볍게 버무린다.

5. 사과 1개를 4등분으로 자른 뒤 씨를 제거하고 껍질째 얄팍얄팍하게 썬다.

6. 넓은 접시에 사과를 돌려 담고 중앙에 겉절이를 올려 완성한다.

무생채

달고 시원한 맛을 자랑하는 겨울 무!
겨울 내내 먹어도 맛있는 국민 반찬이자
겨울 보약 반찬으로도 으뜸인 무생채를 초간단하게 버무려보자!

재료 무 1개(약 2kg), 꽃소금 3큰술, 고춧가루 ⅔컵, 다진 마늘 4큰술, 설탕 2큰술, 생강즙 1작은술, 새우젓 3큰술, 통깨 4큰술, 실파 150g

만드는 법

❶
무 1개(약 2kg)를 결대로
얇게 채 썬다.

❷
채 썬 무 1개에 꽃소금 3큰술을
뿌려 20분간 절이고 체에 밭쳐
물기를 제거한다.

❸
절인 무채에 고춧가루 ⅔컵을
넣고 버무린다.

셰프의 설명
- 무를 길이에 맞춰 토막 낸 후 결 방향인 세로로 썰어야 수분이 덜 빠지고 부서지지 않는다.
- 잘 절여야 물기가 생기지 않고 아삭한 식감도 살릴 수 있다.

만드는 법

❹

다진 마늘 4큰술, 설탕 2큰술,
생강즙 1작은술을 넣는다.

❺

새우젓 2큰술을 으깨 넣어 버무리고
통깨 4큰술을 넣는다.

❻

3~4cm 길이로 썬
실파 150g을 넣고 마무리한다.

완성

매콤달콤 아삭한 식감으로
남녀노소 누구나 사랑하는 반찬,
맛있는 무생채 완성!

간단 요약! 한 장 레시피

1. 무 1개(약 2kg)를 결대로 얇게 채 썬다.

2. 채 썬 무 1개에 꽃소금 3큰술을 뿌려 20분간 절이고 체에 밭쳐 물기를 제거한다.

3. 절인 무채에 고춧가루 ⅔컵을 넣고 버무린다.

4. 다진 마늘 4큰술, 설탕 2큰술, 생강즙 1작은술을 넣고 새우젓 2큰술을 으깨 넣어 버무리고
   통깨 4큰술을 넣는다.

5. 3~4cm 길이로 썬 실파 150g을 넣고 마무리한다.

시래기밥

영양 가득! 추운 겨울의 참맛을 담은 시래기!
밥알 깊숙이 밴 시래기의 구수한 풍미로
열 반찬 필요 없는 최고의 겨울 영양밥,
시래기밥을 배워보자!

재료
삶은 시래기 200g, 채 썬 돼지 등심 200g, 불린 쌀 3컵, 물 3컵, 들기름 2큰술, 국간장 2큰술,
다진 마늘 2큰술, 된장 1큰술

양념장 재료: 진간장 4큰술, 중간 고춧가루 2큰술, 설탕 1큰술, 들기름 2큰술, 다진 마늘 1큰술,
다진 청양고추 3개, 다진 대파 3큰술, 통깨 2큰술

시래기 손질법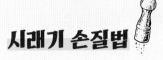

① 쌀뜨물에 시래기를 30분 동안 담가둔다.

② 냄비에 찬물과 불린 시래기를 넣는다.

③ 끓으면 식용 베이킹소다 반 큰술을 넣는다.(*시래기 600g 기준)

④ 10분간 삶은 뒤 불을 끄고 뜨거운 물에 담긴 채로 그대로 식힌다.

⑤ 식은 시래기의 껍질을 벗긴다.

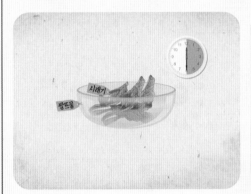

시래기 보관법

① 지퍼백에 물을 함께 넣어 냉동 보관하면 부드러운 식감을 유지할 수 있다.

② 삶은 시래기 물기를 꼭 짠 후 냉동 보관하면 식감이 질겨진다.

맛의 한 수

① 시래기를 한 번 볶아라!

· 시래기를 양념한 후 볶으면 간이 잘 배고 구수한 풍미가 산다.

· 한 번 볶으면 시래기 특유의 냄새까지 제거된다.

② 냄비밥 잘 짓는 법

· 냄비밥은 물과 쌀의 1:1 비율이 제일 좋다.

· 센 불에 물이 자작해질 때까지 끓인다.

· 약불에 10분간 끓인 뒤 불 끄고 5분 뜸 들인다.

③ 전기밥솥으로 시래기밥 만드는 법

· 시래기와 돼지고기를 양념한 후 쌀과 함께 취사한다.

· 물은 반 컵 줄여 불린 쌀 3 : 물 2.5컵!

만드는 법

❶

삶은 시래기 200g을 송송 썬다.

❷

냄비에 손질한 삶은 시래기 200g,
채 썬 돼지 등심 200g,
들기름 2큰술을 넣는다.

❸

국간장·다진 마늘 각 2큰술,
된장 1큰술을 넣고 양념한 후
센 불에 돼지고기가
익을 때까지 볶는다.

**셰프의
설명**

• 시래기밥 적정 비율은 쌀 2 : 볶은 재료 1

만드는 법

❹
불린 쌀과 물 각 3컵을 넣고
센 불에 끓인 뒤 물이 자작해지면
약불로 줄여 10분간 끓인 뒤
불을 끄고 5분 뜸 들인다.

❺
볼에 진간장 4큰술,
중간 고춧가루·들기름 각 2큰술,
설탕 1큰술을 넣는다.

❻
다진 마늘 1큰술,
다진 청양고추 3개,
다진 대파 3큰술, 통깨 2큰술을 넣고
섞어 양념장을 만든다.

**셰프의
설명** • 굵은 고춧가루는 거칠고, 고운 고춧가루는 텁텁하기 때문에 양념장용 고춧가루는 중간 입자가 적당하다.

완성

비법 양념장에 슥슥 비벼 먹으면
엄마의 손맛이 생각나는
구수한 맛의 〈알토란〉표
시래기밥 완성!

간단 요약! 한 장 레시피

1. 삶은 시래기 200g을 송송 썬다.

2. 냄비에 손질한 삶은 시래기 200g, 채 썬 돼지 등심 200g, 들기름 2큰술, 국간장·다진 마늘
   각 2큰술, 된장 1큰술을 넣고 양념한 후 센 불에 돼지고기가 익을 때까지 볶는다.

3. 불린 쌀과 물 각 3컵을 넣고 센 불에 끓인 뒤 물이 자작해지면 약불로 줄여 10분간 끓인 뒤
   불을 끄고 5분 뜸 들인다.

4. 볼에 진간장 4큰술, 중간 고춧가루·들기름 각 2큰술, 설탕 1큰술, 다진 마늘 1큰술, 다진
   청양고추 3개, 다진 대파 3큰술, 통깨 2큰술을 넣고 섞어 양념장을 만든다.

🍴 시래기소고기찜

구수한 시래기 요리 두 번째,
야들한 소고기와 쫄깃한 시래기의 환상적인 만남!
원기회복에 딱인 시래기소고기찜으로 건강 밥상을 차려보자!

 재료 소 목심 300g, 삶은 시래기 300g, 대파 1대(60g), 청양고추 3개(30g), 중간 고춧가루 2큰술, 된장 3큰술, 고추장 1큰술, 다진 마늘 1큰술, 들기름 3큰술, 멸치육수 3컵, 멸치액젓 1큰술, 거피 낸 들깻가루 4큰술

만드는 법

❶

팬에 5~6cm로 자른
삶은 시래기 300g과 너붓 썬
소 목심 300g을 넣는다.

❷

들기름·된장 각 3큰술,
중간 고춧가루 2큰술,
고추장·다진 마늘 각 1큰술을
넣어 양념한다.

❸

양념이 타지 않도록 멸치육수를
중간중간 약간 넣는다.

**셰프의
설명** • 멸치육수를 졸아들 때마다 조금씩 넣어가며 볶으면 양념이 더 잘 밴다.

만드는 법

④
소고기가 익으면
남은 멸치육수를 넣고 국물이
자작해질 때까지 15분간 끓인다.

⑤
멸치액젓 1큰술,
거피 낸 들깻가루 4큰술,
어슷썰기한 대파 1대(60g)와
청양고추 3개(30g)를 넣고
한소끔 끓여 마무리한다.

⑥
추위를 사르르 녹여줄
〈알토란〉표 겨울 보양식,
시래기소고기찜 완성!

완성

간단 요약! 한 장 레시피

1. 팬에 5~6cm로 자른 삶은 시래기 300g과 너붓 썬 소 목심 300g을 넣는다.

2. 들기름·된장 각 3큰술, 중간 고춧가루 2큰술, 고추장·다진 마늘 각 1큰술을 넣어 양념한다.

3. 양념이 타지 않도록 멸치육수를 중간중간 약간 넣는다.

4. 소고기가 익으면 남은 멸치육수를 넣고 국물이 자작해질 때까지 15분간 끓인다.

5. 멸치액젓 1큰술, 거피 낸 들깻가루 4큰술, 어슷썰기한 대파 1대(60g)와 청양고추 3개(30g)를 넣고 한소끔 끓여 마무리한다.

매생이굴국

신선한 바다를 가득 품은 매생이와 굴의 환상궁합!
꽁꽁 얼어붙은 몸을 뜨겁게 풀어주는
매생이굴국을 집에서 쉽게 만들어 먹어보자!

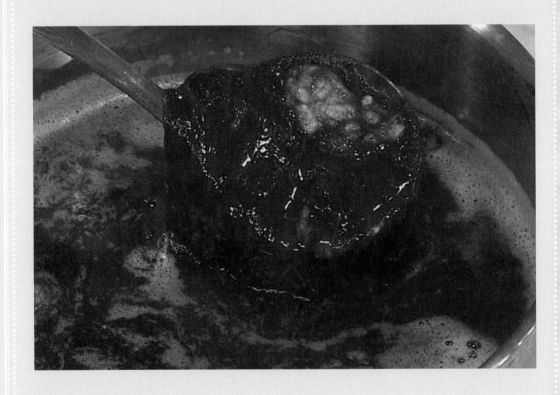

재료

굴 2봉지(500g), 매생이 400g, 채소 육수 10컵, 소금 반 큰술
찹쌀물 재료: 찹쌀가루 4큰술, 물 4큰술
채소 육수 재료: 물 15컵, 무 100g, 양파 100g, 대파 100g, 통마늘 100g, 청양고추 3개, 저민 생강 10g

매생이 고르는 법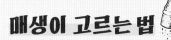

① 윤기가 도는 것
② 검푸른 빛이 선명한 것

매생이 손질법

① 물에 담가 흔들어 씻는다.
② 이물질을 제거한다.
③ 고운 체에 물기를 뺀 후 짠다.

만드는 법

①

육수 팩에 무·양파·대파·통마늘
각 100g, 저민 생강 10g, 칼집 낸
청양고추 3개를 넣어 준비한다.

②

물 15컵에 육수 팩을 넣어
물 10컵이 되도록 센 불에서
약 15분간 끓인다.

③

육수가 10컵으로 줄면 육수 팩을
건지고 다른 냄비에 육수 10컵을
넣은 뒤 소금 반 큰술을 넣어
간을 맞춘다.

**셰프의
설명**

• 소금 간을 먼저 하면 나중에 간 맞추기가 쉽고, 굴이 과하게 익는 것을 방지한다.

만드는 법

❹

매생이 400g을 조금씩 풀어가며
넣은 후 센 불에 3분간 끓인다.

❺

한소끔 끓어오르면
굴 2봉지(500g)를 넣는다.

❻

물 4큰술에 찹쌀가루 4큰술을 푼
찹쌀물 8큰술을 조금씩 넣어가며
농도를 조절해 완성한다.

**셰프의
설명**
• 찹쌀물의 점성이 쉽게 풀어지는 매생이와 국물을 잘 어우러지게 한다.
• 농도를 맞춘 후 기호에 따라 한 번 더 소금 간을 한다.

완성

바다의 기운이 왕성한 겨울,
영양 가득 품은
자연 보약 매생이굴국!

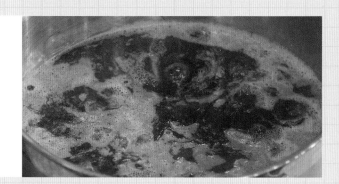

간단 요약! 한 장 레시피

1. 육수 팩에 무·양파·대파·통마늘 각 100g, 저민 생강 10g, 칼집 낸 청양고추 3개를 넣어 준비한다.

2. 물 15컵에 육수 팩을 넣어 물 10컵이 되도록 센 불에서 약 15분간 끓인다.

3. 육수가 10컵으로 줄면 육수 팩을 건지고 다른 냄비에 육수 10컵을 넣은 뒤 소금 반 큰술을 넣어 간을 맞춘다.

4. 매생이 400g을 조금씩 풀어가며 넣은 후 센 불에 3분간 끓인다.

5. 한소끔 끓어오르면 굴 2봉지(500g)를 넣는다.

6. 물 4큰술에 찹쌀가루 4큰술을 푼 찹쌀물 8큰술을 조금씩 넣어가며 농도를 조절해 완성한다. (*농도를 맞춘 후 기호에 따라 소금 간하기)

꼬막무침

알이 꽉 찬 제철 꼬막으로 차리는 최고의 밥상!
겨울에 꼭 한번은 먹고 지나가야 하는 별미 중 별미,
탱글탱글 꼬막무침으로 행복한 맛을 즐겨보자!

재료 꼬막 2kg, 풋고추 5개, 쪽파 10줄기, 다진 대파 1대, 다진 홍고추 2개, 진간장 1컵, 고운 고춧가루 4큰술, 초고추장 2큰술, 다진 마늘 4큰술, 설탕 4큰술, 깨소금 2큰술, 꼬막 삶은 물 5큰술, 들기름 4큰술

꼬막 해감법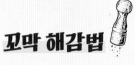

① 찬물에 4~5번 깨끗이 씻는다.

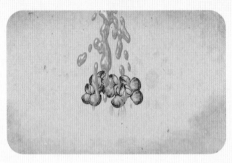

② 물 2L와 소금 6큰술을 녹인 물에 꼬막 2kg을 넣는다.

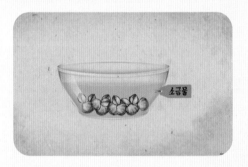

③ 그늘진 곳에 검은 비닐을 덮어 4시간 둔다.

만드는 법

①

물을 끓여 기포가 올라오기
시작하면 해감한 꼬막 2kg을 넣고
3분간 삶는다.

꼬막은 찬물부터 넣고 삶지 않기! TIP

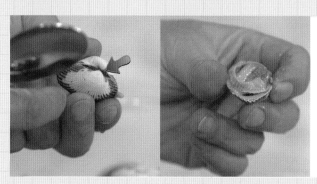

②

삶은 꼬막을 건져낸 다음 잔열에
마저 익힌 후 식으면 쇠숟가락을
홈에 넣고 비틀어 껍질을 깐다.

③

볼에 진간장 1컵,
고운 고춧가루 4큰술,
초고추장 2큰술, 다진 마늘 4큰술을
넣는다.

초고추장이 없을 때는 TIP
고추장 1큰술+식초 1작은술!

셰프의 설명
- 꼬막은 물이 끓기 전 기포가 올라올 때 넣어야 쫄깃한 식감이 된다.
- 꼬막을 삶을 때 한쪽 방향으로 저으면 껍질과 살이 잘 분리되고 고루 잘 익는다.
- 꼬막을 찬물에 헹구지 않고 잔열에 마저 익힌다.

만드는 법

❹
설탕 4큰술, 다진 대파 1대,
다진 홍고추 2개를 넣는다.

❺
깨소금 2큰술,
꼬막 삶은 물
5큰술을 넣고
섞어 양념장을 만든다.

❻
꼬막 살의 물기를 살짝 짜서
볼에 넣고 풋고추 5개를
송송 썰어 넣는다.

완성

❼
3~4cm로 썬 쪽파 10줄기,
양념장 8큰술을 넣어 버무린 뒤
들기름 4큰술을 넣어 마무리한다.

양념장은 입맛에 따라 양 조절! TIP

매일 맛있는 집밥의 비법!
육즙 폭발 〈알토란〉표
꼬막무침으로
우주최강 밥상을 즐겨보자!

완성

간단 요약! 한 장 레시피

1. 물을 끓여 기포가 올라오기 시작하면 물에 해감한 꼬막 2kg을 넣고 한 방향으로만 저으며 3분간 삶는다.

2. 삶은 꼬막을 건져낸 다음 잔열에 마저 익힌 후 쇠숟가락을 홈에 넣고 비틀어 껍질을 깐다.

3. 볼에 진간장 1컵, 고운 고춧가루 4큰술, 초고추장 2큰술, 다진 마늘 4큰술, 설탕 4큰술, 다진 대파 1대, 다진 홍고추 2개, 깨소금 2큰술, 꼬막 삶은 물 5큰술을 넣고 섞어 양념장을 만든다.

4. 꼬막 살의 물기를 살짝 짜서 볼에 넣고 풋고추 5개를 송송 썰어 넣고, 3~4cm로 썬 쪽파 10줄기, 양념장 8큰술을 넣어 버무린 뒤 들기름 4큰술을 넣어 마무리한다.

코다리조림

언제 먹어도 맛있지만 제철인 겨울에 먹으면 더 맛있다!
〈알토란〉표 비법으로 쫀득한 코다리의 식감을 제대로 살린
명품 코다리조림을 만들어 보자!

재료

코다리 1kg, 돼지고기 앞다릿살 200g, 무 반 개(800g), 양파 1개(200g), 대파 1대(100g), 꽈리고추 20개,
홍고추 2개

양념장 재료: 고운 고춧가루 3큰술, 고추장 3큰술, 진간장 5큰술, 멸치액젓 2큰술, 다진 마늘 5큰술,
다진 생강 1큰술, 맛술 5큰술, 설탕 2큰술, 물 4컵, 참기름 2큰술

만드는 법

❶

코다리 1kg은 지느러미와 주둥이를
자른 후 먹기 좋게 3등분 한다.

❷

돼지고기 앞다릿살 200g을
먹기 좋은 크기로 썬다.

❸

무 반 개(800g)를 도톰하게 썰고,
대파 1대(100g)를 큼직하게 썬다.

**셰프의
설명** ┊ • 고소한 맛의 돼지고기를 넣으면 감칠맛이 상승한다.

만드는 법

4

냄비에 무를 먼저 깐 뒤
돼지고기, 코다리 순서로 넣는다.

5

손질한 대파 1대와
채 썬 양파 1개(200g)를 넣는다.

6

볼에 진간장 5큰술,
고운 고춧가루 3큰술,
다진 마늘 5큰술,
다진 생강 1큰술을 넣는다.

만드는 법

❼

설탕·멸치액젓 각 2큰술,
맛술 5큰술, 고추장 3큰술을 넣고
섞어 양념장을 만든다.

❽

양념장을 골고루 끼얹고
물 4컵을 넣고 뚜껑을 덮어
센 불에서 15분간 끓인다.

❾

꽈리고추 20개, 어슷 썬 홍고추 2개,
참기름 2큰술을 넣고 약 10분 정도
더 조려 완성한다.

**셰프의
설명** • 고추장을 넣으면 전분기 때문에 재료에 양념이 잘 붙는다.

완성

남녀노소 가족 모두의
젓가락이 향한다!
감칠맛 폭발하는 온 가족 밥도둑,
〈알토란〉표 코다리조림 완성!

간단 요약! 한 장 레시피

1. 코다리 1kg은 지느러미와 주둥이를 자른 후 먹기 좋게 3등분 한다.

2. 돼지고기 앞다릿살 200g을 먹기 좋은 크기로 썬다.

3. 무 반 개(800g)를 도톰하게 썰고, 대파 1대(100g)를 큼직하게 썬다.

4. 냄비에 무를 먼저 깐 뒤 돼지고기, 코다리 순서로 넣는다.

5. 손질한 대파 1대와 채 썬 양파 1개(200g)를 넣는다.

6. 볼에 진간장 5큰술, 고운 고춧가루 3큰술, 다진 마늘 5큰술, 다진 생강 1큰술, 설탕·멸치액젓
   각 2큰술, 맛술 5큰술, 고추장 3큰술을 넣고 섞어 양념장을 만든다.

7. 양념장을 골고루 끼얹고 물 4컵을 넣고 뚜껑을 덮어 센 불에서 15분간 끓인다.

8. 꽈리고추 20개, 어슷 썬 홍고추 2개, 참기름 2큰술을 넣고 약 10분 정도 더 조려 완성한다.

동태찌개

놓치면 후회하는 집밥의 진수, 한국인의 소울푸드!
추위와 피로가 싹 풀리는 얼큰한 동태찌개로
겨울의 참맛을 즐겨보자!

재료

동태 2마리, 물 7컵, 무 ¼개(200g), 다시마 1장(10×10cm), 양파 반 개(껍질째), 통생강 1쪽(3g),
북어 대가리 2개, 대파 3대, 미나리 2줌, 두부 반 모(150g), 청고추 1개, 홍고추 1개, 고춧가루 5큰술,
된장 1큰술, 고추장 2큰술, 새우젓 2큰술, 다진 마늘 2큰술, 후춧가루 1작은술, 신김치 국물 반 컵

염지물 재료: 쌀뜨물 4컵, 소금 1큰술, 소주 반 컵

만드는 법

❶

동태 2마리를 지느러미·검은 막·
쓸개를 제거해 깨끗이 씻는다.

❷

볼에 쌀뜨물 4컵, 소금 1큰술,
소주 반 컵을 넣고 만든 염지물에
손질한 동태 2마리를 1시간 담근 후
헹군다.

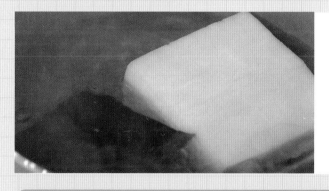

❸

물 7컵에 무 ¼개(200g),
다시마 1장(10×10cm)을 넣는다.

다시마는 10분 후 건져낸다. TIP

**셰프의
설명**
• 쌀뜨물은 동태의 비린내 제거는 물론 고소한 맛이 더해지는 역할을 한다.
• 소금은 동태살이 탱글해지고 속까지 간이 배는 역할을 한다.
• 소주는 생선 비린내를 제거해준다.

만드는 법

❹

편으로 썬 통생강 1쪽(3g),
양파 반 개(껍질째),
북어 대가리 2개를 육수 팩에 넣은 뒤
냄비에 넣어 15분간 1차로 끓인다.

❺

1차 육수가 다 끓으면 육수 팩은
건져 버리고 무는 따로 건져 놓는다.

❻

육수 낸 무를 도톰하게 나박 썰고,
대파 3대를 6~7cm 길이로 자른다.

**셰프의
설명**
• 육수는 모든 생선찌개에 활용해도 좋다.
• 대파를 푹 익히면 부드러운 식감과 달큼한 맛을 살리고 육수의 맛도 올려준다.
• 육수는 두 차례로 나눠 끓이는데, 1차로 15분간 끓이고 추가 재료를 넣고 2차로 5분간 끓인다.

만드는 법

❼
손질한 대파와 나박 썬 무를
1차 육수에 넣고 센 불에
5분간 2차로 끓인다.

❽
볼에 고춧가루 5큰술,
끓는 육수 2 국자, 된장 1큰술,
고추장 2큰술을 넣는다.

❾
새우젓·다진 마늘 각 2큰술,
후춧가루 1작은술,
신김치 국물 반 컵을 넣고 섞어
양념장을 만든다.

셰프의 설명
• 신김치 국물을 넣으면 동태살이 탱글해지고 비린내를 완벽하게 잡는다.
• 신김치 국물이 없을 때는 김칫국물 반 컵에 식초 2~3방울을 떨어뜨려 사용한다.

만드는 법

❿
육수에 양념장을 풀고
염지한 동태를 넣어 5분간 끓인다.

5~6cm로 자른 미나리 2줌,
먹기 좋게 자른 두부 반 모(150g),
어슷 썬 청고추와 홍고추 각 1개를
넣어 5분가량 더 끓이면 얼큰함이
일품인 동태찌개 완성!

간단 요약! 한 장 레시피

1. 동태 2마리를 지느러미·검은 막·쓸개를 제거해 깨끗이 씻는다.

2. 볼에 쌀뜨물 4컵, 소금 1큰술, 소주 반 컵을 넣고 만든 염지물에 손질한 동태 2마리를 1시간 담근 후 헹군다.

3. 물 7컵에 무 ¼개(200g), 다시마 1장(10×10cm)을 넣고, 편으로 썬 통생강 1쪽(3g), 양파 반 개(껍질째), 북어 대가리 2개를 육수 팩에 넣은 뒤 냄비에 넣어 15분간 1차로 끓인다.

4. 1차 육수가 다 끓으면 육수 팩은 건져 버리고 무는 따로 건져 놓는다.

5. 육수 낸 무를 도톰하게 나박 썰고, 대파 3대를 6~7cm 길이로 잘라 1차 육수에 넣고 센 불에 5분간 2차로 끓인다.

6. 볼에 고춧가루 5큰술, 끓는 육수 2 국자, 된장 1큰술, 고추장 2큰술, 새우젓·다진 마늘 각 2큰술, 후춧가루 1작은술, 신김치 국물 반 컵을 넣고 섞어 양념장을 만든다.

7. 육수에 양념장을 풀고 염지한 동태를 넣어 5분간 끓인다.

8. 5~6cm로 자른 미나리 2줌, 먹기 좋게 자른 두부 반 모(150g), 어슷썰기한 청고추와 홍고추 각 1개를 넣어 5분가량 더 끓인다.

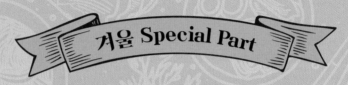

겨울 Special Part

동지 밥상

"동지를 지나야 한 살 더 먹는다."
"동지팥죽을 먹어야 진짜 나이를 한 살 더 먹는다."

일 년 중 낮이 가장 짧고 밤이 가장 긴 날, 동지.
이날을 기점으로 다시 낮이 길어지기 때문에
새해의 시작이라고 여겼던 동짓날.
우리의 선조들은 액운을 막기 위해
붉은 팥으로 끓인 팥죽 한 그릇을 꼭 챙겨 먹었다.

나쁜 기운을 쫓고 새해를 건강하고 무탈하게 보내기 위한
조상의 지혜가 담긴 건강 보양죽, 동지팥죽.

〈알토란〉 사계절 밥상 스페셜 레시피 '동지 밥상'을 통해
동지팥죽의 진수를 만나보자.

동지팥죽

종일 불리고~ 삶고~ 거르고~ 번거로운 팥죽 만들기는 이제 그만!
〈알토란〉표 비법만 알면 단 40분 안에
맛있는 동지팥죽이 완성된다.
더 쉽게! 더 맛있게! 동지팥죽을 즐겨보자!

재료 씻은 팥 2컵, 소금 반 컵(60g), 찬밥 300g, 불린 조랭이떡 200g, 단호박 200g, 소금 1작은술, 대추, 잣가루, 삶은 밤

좋은 팥 고르는 법

① 짙은 붉은 색을 띠는 것

② 낱알이 굵은 것

③ 가운데 흰 띠가 선명한 것

④ 하얀 가루가 없는 것

맛의 한 수

① 팥을 삶을 때 소금을 넣어라!

· 팥을 고농도의 소금물에 삶으면 부드럽게 빨리 삶을 수 있어 반나절 불린 효과를 볼 수 있다.

· 물 1컵 : 소금 1큰술 비율! (4인분 기준 팥 2컵 : 물 6컵 : 소금 반 컵)

· 1차 삶기: 소금물 넣고 센 불 10분, 2차 삶기: 물 넣고 센 불 15분

② 팥 삶은 첫 물 버리는 이유

· 팥의 쓴맛과 떫은맛을 제거한다.

· 소금의 짠맛을 제거한다.

③ 쌀 대신 찬밥을 찬물에 헹궈 넣어라!

· 쌀을 넣고 끓이는 대신 찬밥을 활용하면 시간을 절약할 수 있다.

· 찬밥은 찬물에 헹궈 전분기를 없애야 밥알이 뭉치지 않는다.

· 밥알의 탱글한 식감이 좋아진다.

· 찬밥, 냉동밥, 즉석밥 모두 가능하다.

만드는 법

❶

냄비에 불리지 않고
깨끗이 씻은 팥 2컵, 물 6컵,
소금 반 컵을 넣고 뚜껑을 연 채
센 불에서 10분간 1차로 삶는다.

❷

1차로 삶은 팥을 체에 밭쳐
첫 물을 버리고 찬물에 헹궈
짠맛을 없앤다.

❸

1차로 삶고 헹군 팥은
다시 냄비에 넣고 물 8컵을 넣은 뒤
뚜껑을 닫고 센 불에서
15분간 2차로 삶는다.

**셰프의
설명**

- 휘휘 저어주면 소금이 빨리 녹아 팥 삶는 시간이 단축된다.
- 뚜껑을 열고 팥을 삶아야 팥의 떫은맛이 날아간다.

만드는 법

❹

삶은 팥 2컵과 남은 물을 상온에서
5분간 식힌 뒤 믹서에 넣고
물 1컵을 추가로 넣어
1분간 곱게 간다.

팥 삶은 물도 사용! TIP

❺

냄비에 곱게 간 팥과
찬물에 헹군 찬밥 300g을 넣고
저어주며 끓이다가
농도에 따라 물 3~4컵을 추가한다.

❻

깍둑썰기한 단호박 200g을 넣고
중불에서 5분간 저어주며 끓인다.

셰프의 설명

- 믹서에 갈 때는 물 1컵 추가하고 끓일 때는 농도에 따라 3~4컵 추가한다.
- 팥죽 거품은 팥의 사포닌 성분이므로 걸러내지 않는다.
- 설탕 대신 단호박을 넣으면 단호박 천연의 단맛과 영양을 더한다.

만드는 법

❼

불린 조랭이떡 200g을 넣고
약불에서 2분간 끓인다.

❽

조랭이떡이 익으면
소금 1작은술을 넣어 간을 하고,
고명으로 대추, 잣가루, 삶은 밤을
올려 완성한다.

단호박으로 은은한 단맛을 더해
더 맛있는 겨울 보양죽,
〈알토란〉표 동지팥죽 완성!

**셰프의
설명**

• 팥죽을 끓일 때 팥죽 튀는 걸 방지하기 위해 속이 깊은 팬을 사용한다.

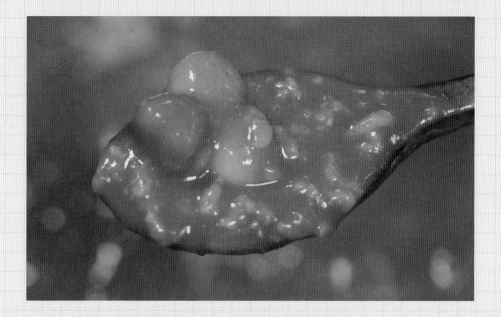

완성

간단 요약! 한 장 레시피

1. 냄비에 불리지 않고 깨끗이 씻은 팥 2컵, 물 6컵, 소금 반 컵을 넣고 뚜껑을 연 채 센 불에서 10분간 1차로 삶는다.

2. 1차로 삶은 팥을 체에 밭쳐 첫 물을 버리고 찬물에 헹궈 짠맛을 없앤다.

3. 1차로 삶고 헹군 팥은 다시 냄비에 넣고 물 8컵을 넣은 뒤 뚜껑을 닫고 센 불에서 15분간 2차로 삶는다.

4. 삶은 팥 2컵과 남은 물을 상온에서 5분간 식힌 뒤 믹서에 넣고 물 1컵을 추가로 넣어 1분간 곱게 간다.

5. 냄비에 곱게 간 팥과 찬물에 헹군 찬밥 300g을 넣고 저어주며 끓이다가 농도에 따라 물 3~4컵을 추가한다.

6. 깍둑썰기한 단호박 200g을 넣고 중불에서 5분간 저어주며 끓인다.

7. 불린 조랭이떡 200g을 넣고 약불에서 2분간 끓인다.

8. 조랭이떡이 익으면 소금 1작은술을 넣어 간을 하고, 고명으로 대추, 잣가루, 삶은 밤을 올려 완성한다.

겨울 Special Part

설날 밥상

음력 정월 초하룻날.
새해를 맞이하는 설렘으로 가득한 설날.

묵은해의 다사다난했던 일들은 떨쳐버리고
새해에는 좋은 일만 가득 하길 바라는 마음을 담아
온 가족이 둘러앉아 맞이하는 새해 첫 밥상.

온갖 맛있는 음식으로 한 상 가득 차려지는 설 밥상이라지만
그래도 설 밥상의 주인공은 단연코 떡국이다.

흰 가래떡을 뽑아 엽전 모양으로 썰어
정성껏 끓여낸 떡국 한 그릇엔
한 해의 무병장수와 부귀영화를 기원하는
특별한 의미가 담겨져 있다.

그 어느 때보다 정성을 다해 차리는 설날 밥상.
〈알토란〉사계절 밥상 스페셜 레시피 '설날 밥상'과 함께
완벽한 한 상을 차려보자.

소고기떡국

설 밥상의 기본이자 꽃, 떡국.
맑지만 깊고 진한 고깃국물에
퍼지지 않고 쫄깃쫄깃한 떡으로
온 가족의 행복한 새해 첫 밥상을 차려보자!

 재료

양지머리 600g, 설탕 2큰술, 식용유 약간, 달걀 5개, 떡국 떡 500g, 미나리 줄기

육수 재료: 물 40컵(8L), 볶은 멸치 50g, 통마늘 150g(약 25개), 청양고추 60g(5개), 대파 100g(1대), 양파 200g(반 개), 무 300g, 저민 생강 15g, 통후추 2큰술, 사과 200g(반 개), 감초 2개, 국간장 3큰술, 소금 1큰술

고기 양념 재료: 다진 마늘 2큰술, 다진 파 2큰술, 소금 1큰술, 참기름 3큰술, 깨소금 3큰술, 후춧가루 2꼬집

만드는 법

❶

미지근한 물에 설탕 2큰술과
양지머리 600g을 넣고
3~4시간 담가 핏물을 뺀다.

❷

물 40컵(8L)에 핏물 뺀
양지머리 600g을 넣는다.

❸

육수 팩에 볶은 멸치 50g,
통마늘 150g(약 25개),
청양고추 60g(5개), 대파 100g(1대),
양파 200g(반 개)을 넣는다.

**셰프의
설명**

• 설탕물에 담그면 삼투압 작용으로 고기의 핏물이 더 잘 빠진다.
• 대가리·내장을 제거한 국물 멸치를 볶아서 넣는다.
• 양지머리와 멸치는 육수의 감칠맛을 두 배로 올려준다.

만드는 법

④

무 300g, 저민 생강 15g,
통후추 2큰술, 사과 200g(반 개),
감초 2개를 넣고 냄비에 넣는다.

⑤

국간장 3큰술을 넣고 센 불에
끓어오르면 중불로 줄여
물 40컵(8L)이 25컵(5L)이 될 때까지
약 50분간 육수를 끓인다.

⑥

50분이 지나면 양지머리는
접시에 건져 한 김 식혀주고,
육수 팩도 건져낸다.

셰프의 설명
- 감초를 넣으면 감칠맛을 더하고 여러 재료의 맛이 잘 어우러진다.
- 육수를 끓이는 중 거품을 걷어낸 체를 물에 씻어가며 사용하면 불순물을 완벽하게 제거해 맑은 국물을 낼 수 있다.
- 육수를 끓일 때 국간장을 넣어야 고기에 간이 배어 감칠맛이 난다.

만드는 법

7

식힌 양지머리를 고깃결 방향대로
찢고 다진 마늘·다진 파 각 2큰술,
깨소금 3큰술을 넣는다.

8

소금 1큰술, 참기름 3큰술,
후춧가루 2꼬집을 넣고 양념해
소고기 고명을 만든다.

9

달걀 5개를
노른자와 흰자를 분리해 풀어준 뒤
달걀물에 뜬 거품을 제거한다.

셰프의 설명

• 달걀물에 거품이 있으면 지단에 구멍이 생기므로 거품을 제거한다.

만드는 법

⑩

팬을 달군 뒤 약불로 낮추고
소량의 식용유를 두르고
키친타월로 닦으며
팬 전체를 코팅한다.

⑪

노른자 물을 붓고 팬 전체에 둘러준
뒤 팬을 돌려가며 가장자리를 먼저
익혀주고, 가장자리를 살짝 들어
뒤집어 반대쪽도 살짝 익혀준다.

⑫

흰색 지단을
노른자 지단 부치기와 같은 방법으로
팬에 얄팍하게 부치고, 황·백 지단을
돌돌 말아 가늘게 채 썬다.

**셰프의
설명**
• 겉면이 마르기 쉬운 흰자 지단 위에 노른자 지단을 덮어두면 수분 증발을 막아준다.

만드는 법

13

육수 8컵에 소금 1큰술로 간을 한 뒤
떡국 떡 500g을 넣고 뚜껑을 닫아
한소끔 끓인다.

4인분 기준 = 육수 8컵 준비 TIP

14

떡국 떡이 동동 떠오르면
떡만 건져 그릇에 담고
소고기 고명을 취향껏 얹는다.

15

황·백 지단을 얹고,
2~3cm로 자른 미나리 줄기를
올리고 국물을 붓는다.

미나리는 취향에 따라 가감! TIP

**셰프의
설명**
• 떡국 떡에 고명을 올린 뒤 국물을 부어야 모양이 흐트러지지 않는다.

완성

차원이 다른 깊은 국물 맛!
한 해의 무병장수를 기원하는
새해맞이 소고기떡국 완성!

간단 요약! 한 장 레시피

1. 미지근한 물에 설탕 2큰술과 양지머리 600g을 넣고 3~4시간 담가 핏물을 뺀다.

2. 물 40컵(8L)에 양지머리 600g을 넣는다.

3. 육수 팩에 볶은 멸치 50g, 통마늘 150g(약 25개), 청양고추 60g(5개), 대파 100g(1대), 양파 200g(반 개), 무 300g, 저민 생강 15g, 통후추 2큰술, 사과 200g(반 개), 감초 2개를 넣고 냄비에 넣는다.

4. 국간장 3큰술을 넣고 센 불에 끓어오르면 중불로 줄여 물 40컵(8L)이 25컵(5L)이 될 때까지 약 50분간 육수를 끓인다.

5. 50분이 지나면 양지머리는 접시에 건져 한 김 식혀주고, 육수 팩도 건져낸다.

6. 식힌 양지머리를 고깃결 방향대로 찢고 다진 마늘·다진 파 각 2큰술, 깨소금 3큰술, 소금 1큰술, 참기름 3큰술, 후춧가루 2꼬집을 넣고 양념해 소고기 고명을 만든다.

7. 달걀 5개를 노른자와 흰자를 분리해 풀어준 뒤 달걀물에 뜬 거품을 제거한다.

8. 팬을 달군 뒤 약불로 낮추고 소량의 식용유를 두르고 키친타월로 닦으며 팬 전체를 코팅한다.

9. 노른자 물을 붓고 팬 전체에 둘러준 뒤 팬을 돌려가며 가장자리를 먼저 익혀주고, 가장자리를 살짝 들어 뒤집어 반대쪽도 살짝 익혀준다.

10. 흰색 지단을 노른자 지단 부치기와 같은 방법으로 팬에 얄팍하게 부치고, 황·백 지단을 돌돌 말아 가늘게 채 썬다.

11. 육수 8컵에 소금 1큰술로 간을 한 뒤 떡국 떡 500g을 넣고 뚜껑을 닫아 한소끔 끓인다.

12. 떡국 떡이 동동 떠오르면 떡만 건져 그릇에 담고 취향에 따라 소고기 고명과 황·백 지단을 얹고, 2~3cm로 자른 미나리 줄기를 올린 후 국물을 붓는다.

잡채

남녀노소 누구나 좋아하는
설 밥상의 인기 만점 메뉴, 잡채!
명절 내내 바로 만든 것처럼
탱글탱글 면발이 살아있는 잡채를 즐기는 비법은?!

 재료 당면 500g, 양파 ¼개(60g), 당근 30g, 청피망 반 개(50g), 홍피망 반 개(50g), 부추 반 줌(40g), 데친 느타리버섯 60g, 완성 불고기 100g, 식용유 5큰술, 진간장 170g, 흑설탕 150g(1컵), 다진 마늘 2큰술, 참기름 2큰술, 후춧가루 반 큰술, 물 4큰술, 참기름 2큰술, 통깨 약간

만드는 법

❶

끓는 물에 당면 500g을 넣고
7분간 삶은 후 체에 걸러
물기를 뺀다.

❷

팬에 물기 뺀 당면을 넣고
식용유 5큰술, 진간장 170g,
흑설탕 150g(1컵)을 넣는다.

TIP 흑설탕 대신 황설탕도 OK!

❸

다진 마늘 2큰술을 넣고
물기가 없을 때까지
2~3분간 볶는다.

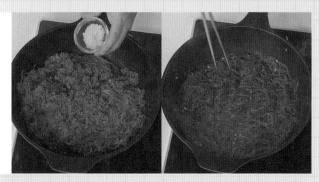

**셰프의
설명**

• 잡채의 색감을 위해 설탕은 흰설탕보다는 흑설탕이나 황설탕을 사용하는 게 좋다.

만드는 법

④

불을 끄고 참기름 2큰술,
후춧가루 반 큰술을 넣고
살짝 볶는다.

⑤

양념한 당면을
넓은 접시에 펼쳐 식힌다.

⑥

센 불에 물 4큰술,
양념한 당면 약 300g, 채 썬 홍피망
반 개(50g)와 당근 30g을 넣는다.

**셰프의
설명**
- 양념한 당면은 식힌 후 따로 냉장 보관하고, 먹을 때마다 필요한 양만큼 덜어 채소를 넣고 볶아서 사용한다.
- 양념한 당면은 약 1주일 정도 냉장 보관이 가능하다.

만드는 법

❼
채 썬 청피망 반 개(50g)와
양파¼개(60g), 데친 느타리버섯 60g,
채 썬 불고기 100g을
2분간 넣고 볶는다.

❽
5cm 길이로 썬 부추 반 줌(40g)을
넣고 볶은 후 참기름 2큰술과 통깨
약간을 넣어 완성한다.

느끼하고 팅팅 불은
잡채는 이제 그만!
먹을 때마다 새로 한 것처럼 맛있는
〈알토란〉표 잡채 완성!

| 셰프의 설명 | • 부추는 마지막에 넣고 살짝 볶아야 식감이 좋다. |

완성

간단 요약! 한 장 레시피

1. 끓는 물에 당면 500g을 넣고 7분간 삶은 후 체에 걸러 물기를 뺀다.

2. 팬에 물기 뺀 당면을 넣고 식용유 5큰술, 진간장 170g, 흑설탕 150g(1컵), 다진 마늘 2큰술을 넣고 물기가 없을 때까지 2~3분간 볶는다.

3. 불을 끄고 참기름 2큰술, 후춧가루 반 큰술을 넣고 살짝 볶는다.

4. 양념한 당면을 넓은 접시에 펼쳐 식힌다. (바로 먹을 만큼만 덜어낸 후 나머지는 냉장 보관한다.)

5. 센 불에 물 4큰술, 양념한 당면 약 300g, 채 썬 홍피망 반 개(50g)와 당근 30g, 채 썬 청피망 반 개(50g)와 양파¼개(60g), 데친 느타리버섯 60g, 채 썬 불고기 100g을 2분간 넣고 볶는다.

6. 5cm 길이로 썬 부추 반 줌(40g)을 넣고 볶은 후 참기름 2큰술과 통깨 약간을 넣어 완성한다.

🍴 나박김치

먹을 땐 맛있지만 먹고 나면 속이 느끼해지는 명절 요리.
이럴 때 시원한 나박김치 국물 한 모금이면
느끼함 싹! 명절 스트레스도 싹!
완벽한 설 밥상을 위한 필수 김치, 나박김치를 맛깔나게 담가보자!

재료 배추 중간 잎 5장(420g), 무 ¼개(420g), 미나리 5줄기(30g), 쪽파 6줄기(20g), 대파 반 대(30g),
당근 반 개(60g), 홍고추 2개(10g), 배 ⅓개(100g), 채수 한 컵(200mL), 천일염 4큰술(45g), 설탕 3큰술(30g),
다진 마늘 2큰술(25g), 다진 생강 1작은술(5g), 고운 고춧가루 1큰술 반(15g), 매실청 8큰술(110g)

채수 재료: 물 5L, 대파 반 대(30g), 양파 ¼개(50g), 대추 15개(50g), 무 ⅛개(125g), 건표고버섯 2개(10g),
다시마 1개(5g)

만드는 법

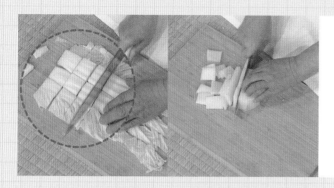

①

배추 중간 잎 5장(420g)을
한입 크기로 나박 썰고, 무 ¼개
(420g)를 0.2cm 두께로
나박 썰어 준비한다.

②

육수 팩에 대파 반대(60g),
양파 ¼개(50g)를 껍질째 넣는다.

대파 뿌리 포함 TIP

③

대추 15개(50g), 무 ⅛개(125g),
건표고버섯 2개(10g)를 넣는다.

**셰프의
설명**
• 배춧잎과 무는 가장자리를 잘라내야 나박김치가 지저분하지 않다.
• 배춧잎과 무는 일정한 크기와 두께로 손질해야 보기에 깔끔하고 맛도 일정하다.
• 채수를 낼 때 무를 넣으면 나박김치 국물이 더 시원해진다.

만드는 법

❹

물 5L에 육수 팩을 넣고
센 불에서 10분,
중불에서 10분 끓인다.

❺

다시마 1개(5g)를 넣고
중불에 10분 더 끓인 뒤
재료를 건져내고 차갑게 식힌다.

❻

식은 채수 한 컵(200mL)을
덜어내고 천일염 4큰술(45g),
설탕 3큰술(30g)을 넣고 섞는다.

**셰프의
설명**

- 오래 끓이면 텁텁한 맛이 나는 다시마는 불 끄기 10분 전에 넣는다.
- 총 5L에서 2L로 줄어든 채수 중 한 컵만 절임물에 사용한다.
- 절임물에 설탕을 넣으면 절이는 시간을 단축시켜준다.

만드는 법

❼

다진 마늘 2큰술(25g),
다진 생강 1작은술(5g)을 넣고
섞어 절임물을 만든다.

❽

절임물을 썰어둔 배추와
무에 붓고 15분마다 한 번씩
뒤집어 1시간 동안 절인다.

❾

배추와 무를 절인 지 40분이 지났을
때 미나리 5줄기(30g)와 쪽파 6줄기
(20g), 대파 반 대(30g)를 각 3cm 길
이로 썰어 넣고 20분간 함께 절인다.

시간을 달리해서 함께 절이면 편리 TIP

**셰프의
설명**
• 절임물에 마늘과 생강을 넣으면 무·배추에 마늘과 생강의 향이 배어 풍미가 산다.
• 단단한 무와 배추는 1시간 동안 절이고, 무른 미나리와 쪽파·대파는 20분간 절인다.
• 높은 염도에 부재료를 절이면 보관 기간이 길어진다.

만드는 법

⑩

나박 썬 당근 반 개(60g),
채 썬 홍고추 2개(10g)와
나박 썬 배 ⅓개(100g)를 넣는다.

⑪

고운 고춧가루 1큰술 반(15g),
매실청 8큰술(110g)을 넣고
섞어준 뒤 남은 채수를 다 붓는다.

청량한 국물과 오래 두고 먹어도
아삭한 식감의 채소까지!
천연 소화제 〈알토란〉표
나박김치 완성!

완성

간단 요약! 한 장 레시피

1. 배추 중간 잎 5장(420g)을 한입 크기로 나박 썰고, 무 ¼개(420g)를 0.2cm 두께로 나박 썰어 준비한다.

2. 육수 팩에 대파 반대(60g), 양파 ¼개(50g)를 껍질째 넣고, 대추 15개(50g), 무 ⅛개(125g), 건표고버섯 2개(10g)를 넣는다.

3. 물 5L에 육수 팩을 넣고 센 불에서 10분, 중불에서 10분 끓이고 다시마 1개(5g)를 넣고 중불에 10분 더 끓인 뒤 재료를 건져내고 차갑게 식힌다.

4. 식은 채수 한 컵(200mL)을 덜어내고 천일염 4큰술(45g), 설탕 3큰술(30g), 다진 마늘 2큰술(25g), 다진 생강 1작은술(5g)을 넣고 섞어 절임물을 만든다.

5. 절임물을 썰어둔 배추와 무에 붓고 15분마다 한 번씩 뒤집어 총 1시간 절이되, 40분이 지났을 때 미나리 5줄기(30g)와 쪽파 6줄기(20g), 대파 반 대(30g)를 각 3cm 길이로 썰어 넣고 20분간 함께 절인다.

6. 나박 썬 당근 반 개(60g), 채 썬 홍고추 2개(10g)와 나박 썬 배 ⅓개(100g)를 넣는다.

7. 고운 고춧가루 1큰술 반(15g), 매실청 8큰술(110g)을 넣고 섞어준 뒤 남은 채수를 다 붓는다.

소갈비찜

설 밥상에 빠질 수 없는 소갈비찜의 모든 것!
〈알토란〉 표 특급 비법으로
느끼함 없이 야들야들 부드러운 소갈비찜을 만들어보자!

재료

찜용 소갈비 1.5kg, 대추 5개, 생률 5개, 불린 표고버섯 5개, 당근 100g, 무 100g, 가래떡 두 줄

양념 재료: 물 13컵, 물엿 290g, 진간장 170g, 설탕 3큰술

향신 채소 재료: 씨 제거한 사과 반 개, 칼집 낸 양파 1개, 통후추 2작은술, 저민 생강 10g, 통마늘 100g, 대파 흰 줄기 1대, 건 홍고추 3개

소갈비 고르는 법과 핏물 제거법

① 소갈비 고르는 법

· 소 갈빗살 사이사이 지방이 낀 것이 육질이 부드럽다.

· 3cm 두께면 소 갈빗살 속까지 양념이 잘 배고, 육즙을 느낄 수 있다.

② 핏물 제거법

· 찬물을 두 번 정도 갈아주며 4시간 이상 핏물을 제거한다.

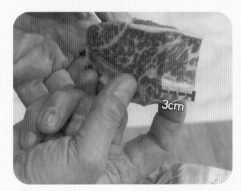

맛의 한 수

① 채소를 육수 팩에 넣어라!

· 향신 채소는 오래 끓이면 뭉그러지고 국물이 탁해지므로 육수 팩에 넣으면 좋다.

② 소갈비와 부재료를 따로 익혀라!

· 소갈비찜과 부재료를 따로 익혀야 더 깔끔한 맛의 소갈비찜을 만들 수 있다.

· 소갈비를 익히는 육수와 부재료를 익히는 육수를 끓이는 중간에 합쳤다가 다시 나누기를 2~3번 반복해 끓이면 서로 맛이 잘 어우러지고 풍미가 높아진다.

만드는 법

❶

핏물을 뺀 소갈비 1.5kg을 끓는 물에
3~4분간 초벌 삶기 한 후 찬물에
헹구고 체에 밭쳐 물기를 제거한다.

❷

소갈비 1.5kg에 붙은
지방과 근막을 제거하고
냄비에 넣는다.

❸

물 13컵을 넣고 진간장 170g,
물엿 290g, 설탕 3큰술을 넣는다.

**셰프의
설명**

- 초벌 삶기를 하면 기름 제거는 물론, 지방과 근막을 손쉽게 제거할 수 있다.
- 근막을 다 제거하면 살과 뼈가 분리되므로 얇게 남긴다.

만드는 법

❹

육수 팩에 씨 제거한 사과 반 개를 껍질째 넣고, 칼집 낸 양파 1개, 통후추 2작은술을 넣는다.

❺

저민 생강 10g, 통마늘 100g, 대파 흰 줄기 1대, 건 홍고추 3개를 넣고 소갈비와 같이 센 불에 10분간 졸인다.

❻

소갈비를 졸이는 동안 부재료로 대추·생률·밑동 제거한 불린 표고버섯 각 5개를 준비한다.

취향에 따라 가감 TIP

셰프의 설명   • 불린 표고버섯 작은 건 통째로, 큰 건 썰어서 준비한다.

만드는 법

❼

당근·무 각 100g은 큼직하게 썰어
모서리를 깎아 준비하고,
가래떡 두 줄도 3~4cm 길이로
썰어 준비한다.

❽

10분간 졸인 소갈비찜 육수
한 컵 반을 다른 냄비에 덜어내
손질한 부재료를 넣고
별도로 끓인다.

❾

부재료를 끓인 육수를 소갈비찜
육수에 부어 섞고 다시 부재료에
나눠 넣고 끓이기를 2~3번 정도
반복하며 센 불에서 30분간
더 졸인다.

**셰프의
설명**
- 소갈비찜이 끓어오르면 거품을 걷어낸다.
- 부재료 속 무가 무조림처럼 갈색빛이 나올 때까지 익힌다.

326

만드는 법

⑩

부재료가 익으면 부재료를
끓인 육수를 소갈비찜에 붓고
썰어놓은 가래떡을 넣는다.

⑪

양념 육수가 자작하게 졸았을 때
육수 팩을 건져내고, 양념이 거의
사라질 때까지 센 불에서
2분 정도 더 졸인다.

⑫

다 졸인 소갈비찜에 익힌
부재료를 넣고 섞어준다.

완성

부드러운 식감은 물론
느끼함까지 잡았다!
기름기 없이 깔끔한
설 밥상의 절대 강자
전통 소갈비찜 완성!

1. 핏물을 뺀 소갈비 1.5kg을 끓는 물에 3~4분간 초벌 삶기 한 후 찬물에 헹구고 체에 밭쳐 물기를 제거한다.

2. 소갈비 1.5kg에 붙은 지방과 근막을 제거하고 냄비에 넣는다.

3. 물 13컵을 넣고 진간장 170g, 물엿 290g, 설탕 3큰술을 넣는다.

4. 육수 팩에 씨 제거한 사과 반 개를 껍질째 넣고, 칼집 낸 양파 1개, 통후추 2작은술, 저민 생강 10g, 통마늘 100g, 대파 흰 줄기 1대, 건 홍고추 3개를 넣고 소갈비와 같이 센 불에 10분간 졸인다.

5. 소갈비를 졸이는 동안 부재료로 대추·생률·밑동 제거한 불린 표고버섯 각 5개를 준비하고, 당근·무 각 100g은 큼직하게 썰어 모서리를 깎아 준비하고, 가래떡 두 줄도 3~4cm 길이로 썰어 준비한다.

6. 10분간 졸인 소갈비찜 육수 한 컵 반을 다른 냄비에 덜어내 손질한 부재료를 넣고 별도로 끓인다.

7. 부재료를 끓인 육수를 소갈비찜 육수에 부어 섞고 다시 부재료에 나눠 넣고 끓이기를 2~3번 정도 반복하며 센 불에서 30분간 더 졸인다.

8. 부재료가 익으면 부재료를 끓인 육수를 소갈비찜에 붓고 썰어놓은 가래떡을 넣는다.

9. 양념 육수가 자작하게 졸았을 때 육수 팩을 건져내고, 양념이 거의 사라질 때까지 센 불에서 2분 정도 더 졸인다.

10. 다 졸인 소갈비찜에 익힌 부재료를 넣고 섞어준다.

겨울 Special Part

정월 대보름 밥상

음력으로 한 해의 첫째 달을 의미하는 '정월'.
가장 큰 보름이라는 뜻을 지닌 '대보름'.
정월 중에 가장 큰 보름달이 뜨는 날, 정월 대보름.

새해 첫 보름달 아래 온 동네 사람들이 옹기종기 모여
달집을 태우며 한 해의 안녕과 건강을 기원하는 축제의 날!

한 해 동안
농사가 잘 되기를 바라는 간곡한 마음을 담아 오곡밥을,
더위를 타지 않고 건강하길 기원하며 묵은나물을,
부스럼으로 고생하지 않길 바라며 부럼을,
좋은 소식만 들려오길 바라는 소망을 담아 귀밝이술을
나눠 먹으며 잔치를 즐겼다.

올 한 해, 우리 가족의 안녕과 건강을 기원하며
〈알토란〉 사계절 밥상 스페셜 레시피로
더욱 건강하고 맛있는 정월 대보름 밥상을 차려보자!

오곡밥

정월 대보름 필수 음식 첫 번째,
풍요와 건강의 상징, 오곡밥을
더 찰지고 쫀득하게 만드는 비법을 공개한다!

재료 찹쌀 2컵, 찰수수 1컵, 검은콩 1컵, 차조 1컵, 팥 1컵, 소금 2작은술, 물 10컵

맛의 한 수

① 곡식을 오래 불리지 말아라!

- 오곡밥 곡식은 약 20분 정도만 물에 불려야 좋다.
- 팥이 터지면 팥의 단맛이 빠져 오곡밥을 했을 때 맛이 떨어지므로 오래 삶지 않는다.
- 팥·검은콩을 삶을 때 뒤적이면 익는 속도가 느리고 잘 터지므로 삶을 때 뒤적이지 않는다.

② 찹쌀을 팥과 검은콩 삶은 물에 불려라!

- 찹쌀에 단맛이 배고 붉은 색감이 더해진다.

③ 오곡밥을 찜기에 쪄라!

- 찰진 곡류로 만드는 오곡밥은 찜통에서 쪄야 질어지지 않는다.
- 곡식에 물이 닿으면 밥이 질어지므로 물을 적당히 넣어 증기로만 찌는 게 핵심이다.
- 가운데 공간을 만들어 뜨거운 김이 위아래로 순환해야 오곡밥이 골고루 맛있게 쪄진다.

만드는 법

❶

깨끗하게 씻은 차조 1컵과
찰수수 1컵에 물을 부어
약 20분 정도 불린다.

❷

깨끗이 씻은 팥 1컵과
검은콩 1컵은 각각 냄비에 넣는다.

❸

팥 1컵에 물 5컵을 넣고
센 불에서 총 50분 정도 삶는다.

TIP 끓어오른 첫 물은 버리고 새 물을 넣고 마저
삶기!

만드는 법

④

검은콩 1컵에 물 5컵을 넣고
센 불에서 75분 정도 삶는다.

껍질이 쉽게 벗겨지면 잘 삶아진 것! TIP

⑤

50분간 삶은 팥과
75분간 삶은 검은콩을
각 체에 밭쳐 물을 빼고,
팥·검은콩 삶은 물은 완전히 식힌다.

⑥

찹쌀 2컵에 식힌 팥·검은콩
삶은 물을 각 2컵씩 넣어서 약 20분
정도 불린다.

팥·검은콩 삶은 물에
20분 불린 찹쌀 2컵

만드는 법

❼
볼에 불린 찹쌀 2컵,
삶은 검은콩·삶은 팥·불린
찰수수·불린 차조 각 1컵을 넣고
골고루 섞어준다.

❽
찜기에 젖은 면포를 깐 후
위에 잘 섞은 오곡을 넣은 다음
김이 순환할 수 있도록 가운데
공간을 만든다.

❾
젖은 면포를 위까지 덮은 후
뚜껑을 닫아 센 불에서
약 40분간 찐다.

만드는 법

⑩

볼에 검은콩과 팥 삶은 물 각 1컵,
소금 2작은술을 넣고 섞어
소금물을 만든다.

소금은 취향에 따라 가감 TIP

⑪

찌기 시작하고 10분 후 오곡밥에
소금물 일부를 뿌려 섞은 뒤
가운데 공간을 만들고
다시 20분간 찐다.

⑫

20분 후 남은 소금물을 마저
뿌린 후 골고루 섞고 가운데 공간을
만들어 10분간 더 찐다.

**셰프의
설명**

• 소금물은 밥을 안치고 10분 후 한 번, 그 후 20분 지나 또 한 번 나눠 뿌린다.

만드는 법

⑬
오곡밥이 다 쪄지면
깨끗한 그릇에 바로 옮겨 담아
섞어주면서 한 김 식힌다.

쫀득쫀득 찰진 식감과
단맛과 짠맛의 완벽조화!
실패 없는 〈알토란〉 표
오곡밥으로 한 해 건강 챙기기!

완성

1. 깨끗하게 씻은 차조 1컵과 찰수수 1컵에 물을 부어 약 20분 정도 불린다.

2. 깨끗이 씻은 팥 1컵과 검은콩 1컵은 각각 냄비에 넣는다.

3. 팥 1컵에 물 5컵을 넣고 센 불에서 총 50분 정도 삶는다.

  (* 끓어오른 첫 물은 버리고 새 물을 넣고 마저 삶는다)

4. 검은콩 1컵에 물 5컵을 넣고 센 불에서 75분 정도 삶는다.

5. 50분간 삶은 팥과 75분간 삶은 검은콩을 각 체에 밭쳐 물을 빼고, 팥·검은콩 삶은 물은
   완전히 식힌다.

6. 찹쌀 2컵에 식힌 팥·검은콩 삶은 물을 각 2컵씩 넣어서 약 20분 정도 불린다.

7. 볼에 불린 찹쌀 2컵, 삶은 검은콩·삶은 팥·불린 찰수수·불린 차조 각 1컵을 넣고 골고루
   섞어준다.

8. 찜기에 젖은 면포를 깐 후 위에 잘 섞은 오곡을 넣은 다음 김이 순환할 수 있도록 가운데
   공간을 만들고, 젖은 면포를 위까지 덮은 후 뚜껑을 닫아 센 불에서 약 40분간 찐다.

9. 볼에 검은콩과 팥 삶은 물 각 1컵, 소금 2작은술을 넣고 섞어 소금물을 만든다.

10. 찌기 시작하고 10분 후 오곡밥에 소금물 일부를 뿌려 섞은 뒤 가운데 공간을 만들고 다시
    20분간 찐다.

11. 20분 후 남은 소금물을 마저 뿌린 후 골고루 섞고 가운데 공간을 만들어 10분간 더 찐다.

12. 오곡밥이 다 쪄지면 깨끗한 그릇에 바로 옮겨 담아 섞어주면서 한 김 식힌다.

보름나물

정월 대보름 맞이 묵은나물 완전정복!
만능 나물 양념장으로 다양한 보름나물을
더 쉽게 더 맛있게 만들어보자!

재료

① 호박고지나물: 호박고지 80g, 따뜻한 물, 만능 나물 양념장 2큰술, 현미유 1큰술, 들기름 1작은술
② 취나물: 건취나물 30g, 쌀뜨물, 만능 나물 양념장 2큰술, 현미유 1큰술, 들기름 1작은술
③ 시래기나물: 건시래기 50g, 쌀뜨물, 만능 나물 양념장 2큰술, 현미유 1큰술, 들기름 1작은술
④ 고사리나물: 건고사리 30g, 쌀뜨물, 만능 나물 양념장 2큰술, 현미유 1큰술, 들기름 1작은술, 메밀가루 반 큰술,
　다진 소고기 60g, 진간장 1작은술, 다진 마늘 반 작은술, 후춧가루 1꼬집, 깨소금
⑤ 무나물: 무 400g, 소금 반 큰술, 현미유 1큰술, 다진 마늘 1작은술, 다진 파 흰 줄기 1큰술, 설탕 반 작은술,
　물 반 컵

만능 나물 양념장 재료 (*나물 1kg 기준): 국간장 5큰술, 다진 파 흰 줄기 6큰술, 다진 마늘 3큰술, 깨소금 2큰술,
들기름 2큰술, 설탕 반 큰술

맛있는 나물 고르는 법

① 시래기
- 파릇하면서 노란빛을 띠는 시래기가 그늘에 말린 거라 부드럽다.
- 너무 누렇고 검은빛을 띠는 시래기는 피해야 한다.

② 고사리
- 옅은 갈색을 띠는 것
- 새순이 붙어 있는 것

③ 취나물
- 옅은 녹색을 띠는 것
- 줄기가 가늘고 잎이 많은 것

④ 호박고지
- 크기가 작을수록 맛이 좋다.

맛의 한 수

① 쌀뜨물에 불려라!

· 쌀뜨물의 전분 입자가 묵은 냄새 성분을 흡수한다.
· 쌀뜨물에 불린 나물은 모두 한번 짜낸 후 새 물에 끓인다.

② 부드럽게 나물 삶는 법!

· 불린 시래기는 1시간, 불린 취나물은 15분, 불린 고사리는 30분 정도 삶는다.
  (*굵기에 따라 삶는 시간이 다르다)
· 삶은 물이 다 식을 때까지 담가 둔다.
· 찬물에 2~3번 헹군다.
· 찬물에 담가 반나절 정도 둔다.

③ 부드럽게 나물 볶는 법!

· 시래기는 센 불에서 1분, 중불에서 4분!
· 취나물·호박고지는 센 불에서 1분, 중불에서 3분!
· 나물을 볶는 도중 수분이 없어지면 중간중간 물을 조금씩 넣어가면 볶는다.

④ 만능 나물 양념장 활용!

· 가지나물, 곤드레나물, 고구마순나물, 아주까리나물 등 다양하게 사용할 수 있다.
· 단, 콩나물, 도라지나물, 무나물 등 흰색 나물에는 소금으로 간을 하는 것이 좋다.

만드는 법

❶

호박고지 80g은 40℃ 정도의
물에 넣고 40분 정도 불린다.

쌀뜨물에
건 고사리 30g

따뜻한 물에
호박고지 80g

쌀뜨물에
건 시래기 50g

쌀뜨물에
건 취나물 30g

❷

취나물·건고사리 각 30g과 건시래기
50g은 각각 볼에 담고 쌀뜨물을 잠
길 정도로 부어 3시간 정도 불린다.

불리고 나면 모두 250g으로 중량이 동일! TIP

❸

불린 나물을 각각
끓는 물에 넣고 삶는다.
- 불린 시래기 250g은 1시간
- 불린 취나물 250g은 15분
- 불린 고사리 250g은 30분

만드는 법

❹

불린 호박고지와 각각 삶은 취나물,
고사리, 시래기의 물기를 짠다.
이때, 취나물과 호박고지는 물기를
살짝만 짜준다.

❺

껍질을 벗긴 시래기와 고사리는
먹기 좋게 7cm 길이로 썬다.

❻

볼에 국간장 5큰술,
다진 파 흰 줄기 6큰술,
다진 마늘 3큰술,
깨소금 2큰술을 넣는다.

**셰프의
설명**

• 묵은 나물의 물기를 꽉 짜면 비린 맛이 날 수도 있다.

344

만드는 법

❼

들기름 2큰술과 설탕 반 큰술을
넣고 섞어 만능 나물 양념장을
만든다.

❽

준비된 4가지 나물에
만능 나물 양념장 2큰술씩을
각각 넣고 바락바락
세게 버무려준다.

❾

시래기나물은 팬에 현미유 1큰술,
들기름 1작은술을 두르고
팬이 달궈지면 시래기를 넣어
센 불에서 1분간 볶는다.

**셰프의
설명**

· 묵은 나물에는 들기름을 넣어야 묵은 냄새를 없애면서 고소한 맛을 낼 수 있다.
· 묵은 나물은 세게 무쳐야 속까지 양념이 잘 밴다.
· 고유의 맛과 향, 색이 없는 현미유는 나물 본연의 맛을 해치지 않는다.

만드는 법

⑩

1분 후 중불로 줄여 시래기나물의
수분이 없어지면 물을 조금씩
넣으며 4분간 더 볶아 완성한다.

TIP 물 대신 육수 활용해도 Good!

⑪

취나물은 현미유 1큰술,
들기름 1작은술을 두르고 팬이
달궈지면 취나물을 넣어
센불에 1분간 볶다가 중불로 줄이고
수분이 없어지면 물을 조금씩
넣으며 3분간 볶아 완성한다.

⑫

호박고지나물은 현미유 1큰술,
들기름 1작은술을 두르고
팬이 달궈지면 호박고지를 넣어
센 불에 1분, 중불에 3분 볶아
완성한다.

만드는 법

⑬

고사리나물에 넣을 소고기는
다진 소고기 60g에 진간장 1작은술,
다진 마늘 반 작은술,
후춧가루 1꼬집,
깨소금 적당량을 넣어 버무려준다.

⑭

팬에 현미유 1큰술, 들기름 1작은술
을 두른 뒤 밑간한 다진 소고기를
넣고 물을 조금 넣어 볶는다.

⑮

다진 소고기가 다 익으면 고사리를
넣고 함께 볶다가 고사리까지
다 익으면 메밀가루 반 큰술을 넣고
볶아 완성한다.

**셰프의
설명**
• 다진 소고기는 물을 넣고 볶으면 서로 뭉치지 않고 잘 풀린다.

347

만드는 법

⓰

무나물용 무 400g을
0.3cm 두께로 채 썰어
소금 반 큰술을 넣고 15~20분 정도
절여 체에 밭쳐 물기를 뺀다.

⓱

팬에 현미유 1큰술을 두르고
절인 무 400g을 넣어
센 불에서 1분 정도 볶는다.

⓲

다진 마늘 1작은술,
다진 파 흰 줄기 1큰술, 물 반 컵,
설탕 반 작은술을 넣고
색깔이 나지 않을 정도로만 볶는다.

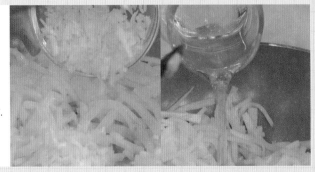

**셰프의
설명**
- 절인 무를 써야 무가 덜 부서지고 살캉살캉한 식감이 유지된다.
- 무나물에 설탕을 약간 넣으면 무 특유의 매운맛이 사라진다.

만드는 법

⑲
뚜껑을 덮은 뒤 3분 정도 더 익힌
다음 다시 볶다가 참기름 1작은술과
깨 적당량을 넣어 완성한다.

만능 나물 양념장으로 더 쉽게!
풍성한 대보름 밥상의 핵심,
〈알토란〉표 보름나물 완성!

| 셰프의 설명 | • 무가 빨리 익고 양념도 잘 배게 뚜껑을 닫고 3분간 익힌다. |

1. 호박고지 80g은 40℃ 정도의 물에 넣고 40분 정도 불린다.

2. 취나물·건고사리 각 30g과 건시래기 50g은 각각 볼에 담고 쌀뜨물을 잠길 정도로 부어 3시간 정도 불린다.

3. 불린 나물은 각각 끓는 물에 넣고 삶는다.(불린 시래기 250g은 1시간 / 불린 취나물 250g은 15분 / 불린 고사리 250g은 30분)

4. 불린 호박고지와 삶은 취나물은 물기를 살짝만 짜주고, 삶은 고사리와 껍질 벗긴 삶은 시래기는 물기를 짠 후 먹기 좋게 7cm 길이로 썬다.

5. 볼에 국간장 5큰술, 다진 파 흰 줄기 6큰술, 다진 마늘 3큰술, 깨소금 2큰술, 들기름 2큰술과 설탕 반 큰술을 넣고 섞어 만능 나물 양념장을 만든다

6. 준비된 4가지 나물에 각각 만능 나물 양념장 2큰술씩을 넣고 바락바락 세게 버무려준다.

7. 시래기나물은 팬에 현미유 1큰술, 들기름 1작은술을 두르고 팬이 달궈지면 시래기를 넣어 센 불에서 1분간 볶은 후 중불로 줄여 볶다가 수분이 없어지면 물을 조금씩 넣으며 4분간 더 볶아 완성한다.

8. 취나물은 현미유 1큰술, 들기름 1작은술을 두르고 팬이 달궈지면 취나물을 넣어 센 불에 1분간 볶다가 중불로 줄여 볶다가 수분이 없어지면 물을 조금씩 넣으며 3분간 더 볶아 완성한다.

9. 호박고지나물은 현미유 1큰술, 들기름 1작은술을 두르고 팬이 달궈지면 호박고지를 넣어 센 불에 1분, 중불에 3분 볶아 완성한다.

10. 고사리나물에 넣을 소고기는 다진 소고기 60g에 진간장 1작은술, 다진 마늘 반 작은술, 후춧가루 1꼬집, 깨소금 적당량을 넣어 버무린 후 팬에 현미유 1큰술, 들기름 1작은술을 두른 뒤 물을 조금 넣어 볶는다.

11. 다진 소고기가 다 익으면 고사리를 넣고 함께 볶다가 고사리까지 다 익으면 메밀가루 반 큰술을 넣고 볶아 완성한다.

12. 무나물용 무 400g을 0.3cm 두께로 채 썰어 소금 반 큰술을 넣고 15~20분 정도 절여 체에 밭쳐 물기를 뺀다.

13. 팬에 현미유 1큰술을 두르고 절인 무 400g을 넣어 센 불에서 1분 정도 볶다가 다진 마늘 1작은술, 다진 파 흰 줄기 1큰술, 물 반 컵, 설탕 반 작은술을 넣고 색깔이 나지 않을 정도로만 볶은 후 뚜껑을 덮은 뒤 3분 정도 더 익힌 다음 다시 볶다가 참기름 1작은술과 깨 적당량을 넣어 완성한다.

닭곰탕

정월 대보름 밥상을 더 특별하게 차리고 싶다면 주목!
야들야들한 닭고기에 깊고 진한 국물 맛이 일품인
〈알토란〉표 닭곰탕 한 그릇으로
우리 가족의 한 해 건강을 기원해보자!

재료

닭 2마리, 소금 3큰술, 참기름 4큰술, 후춧가루 반 큰술, 감자 전분 2큰술, 식용유 반 컵, 밥 한 공기, 대파 반 대

육수 재료: 물 2L, 감초 5조각, 황기 1뿌리, 무 1토막(360g), 대파 흰 줄기 2대 뿌리째, 통마늘 10개,
생강 1개(20g), 양파 반 개, 청양고추 3개

닭곰탕용 닭 고르는 법

① 10~12호 닭
② 1마리에 1kg 내외
③ 연분홍빛을 띠고 윤기가 나는 것

닭 손질법

① 목 부위 지방 제거
② 꼬리 및 엉덩이 지방 제거
③ 뱃속 지방 및 핏물 제거

맛의 한 수

① 부드러운 육질을 위한 닭 삶기 황금 시간
· 물이 끓기 시작하면 센 불 20분 → 중불 15분 → 약불 10분!
· 닭 육질이 부드럽고 쫄깃해지도록 뚜껑을 연 상태로 삶은 닭을
  10분간 추가로 뜸 들인다.

② 닭 껍질을 튀겨라!
· 바삭한 식감과 고소한 맛으로 닭곰탕의 풍미를 더한다.
· 감자 전분을 소량만 묻혀 기름이 튀는 것을 방지한다.
· 닭 껍질 작은 것을 기름에 넣었을 때 바로 떠오르면 튀기기 좋은 온도다.

만드는 법

❶

냄비에 손질한 닭 2마리와
물 2L를 넣는다.

❷

육수 팩에 감초 5조각, 황기 1뿌리,
큼직하게 자른 무 1토막(360g),
대파 흰 줄기 2대를 뿌리째 넣는다.

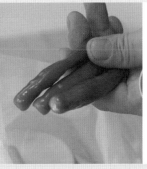

❸

으깬 통마늘 10개, 작게 썬
생강 1개(20g), 양파 반 개,
반으로 자른 청양고추 3개를
넣는다.

**셰프의
설명**   • 황기를 넣으면 감칠맛과 향을 더하고 닭의 잡냄새를 제거한다.

만드는 법

❹

냄비에 육수 팩을 넣고 물이 끓기 시작한 후부터 센 불에서 20분, 중불에서 15분, 약불에서 10분간 끓인다.

❺

육수 팩을 건져내고 뚜껑을 연 채로 10분간 뜸 들인 뒤 닭을 건져내고 육수에 소금 3큰술을 넣는다.

❻

삶은 닭을 한입 크기로 찢고 닭 껍질을 따로 분리한다.

셰프의 설명
• 닭고기의 온기가 남았을 때 찢어야 부드럽게 잘 찢어진다.

만드는 법

7

잘 찢어낸 닭고기에
참기름 4큰술, 후춧가루 반 큰술을
넣고 무친다.

8

차게 식힌 닭 껍질에
감자 전분 2큰술을 묻히고,
달군 식용유 반 컵에
닭 껍질을 넣고 약 3분간 튀긴다.

9

튀긴 닭 껍질은 건져
기름기를 제거한다.

셰프의 설명

• 닭 껍질은 튀기는 시간으로 식감을 조절한다.

만드는 법

⑩

뚝배기에 밥 한 공기를 넣고
양념한 닭고기와 튀긴 닭 껍질을
적당량 넣는다.

⑪

송송 썬 대파 반 대를 올리고
육수를 적당량 붓는다.

보름달의 기운을 가득 담은
보약 한 그릇!
맛있고 건강한 〈알토란〉 표
닭곰탕으로 추위에 지친 몸을
풀어보자!

셰프의
설명

• 밥이 풀어지지 않게 먼저 밥공기에 넣고 살짝 쳐서 모양을 잡은 후 뚝배기에 넣는다.

완성

간단 요약! 한 장 레시피

1. 냄비에 손질한 닭 2마리와 물 2L를 넣는다.

2. 육수 팩에 감초 5조각, 황기 1뿌리, 큼직하게 자른 무 1토막(360g), 대파 흰 줄기 2대를 뿌리째 넣고, 으깬 통마늘 10개, 작게 썬 생강 1개(20g), 양파 반 개, 반으로 자른 청양고추 3개를 넣는다.

3. 냄비에 육수 팩을 넣고 물이 끓기 시작한 후부터 센 불에서 20분, 중불에서 15분, 약불에서 10분간 끓인다.

4. 육수 팩을 건져내고 뚜껑을 연 채로 10분간 뜸 들인 뒤 닭을 건져내고 육수에 소금 3큰술을 넣는다.

5. 삶은 닭을 한입 크기로 찢고 닭 껍질을 따로 분리한다.

6. 잘 찢어낸 닭고기에 참기름 4큰술, 후춧가루 반 큰술을 넣고 무친다.

7. 차게 식힌 닭 껍질에 감자 전분 2큰술을 묻히고, 달군 식용유 반 컵에 닭 껍질을 넣고 약 3분간 튀긴 다음 건져내 기름기를 제거한다.

8. 뚝배기에 밥 한 공기를 넣고 양념한 닭고기와 튀긴 닭 껍질을 적당량 넣는다.

9. 송송 썬 대파 반 대를 올리고 육수를 적당량 붓는다.

알토란 (사계절 건강 밥상편)

초판 1쇄 발행   2021년 05월 21일

지은이   MBN 〈알토란〉 제작팀
펴낸이   곽철식
펴낸곳   ㈜다온북스컴퍼니
주 소   서울시 마포구 토정로 222 한국 출판콘텐츠센터 313호
책임편집 김나연
디자인   박영정
정 리   김나연
인쇄와 제본   ㈜M프린트

ISBN   979-11-86182-77-2 (14590)